餐旅服務品質管理【第二版】

Perceptions of Service Quality in the
Hospitality Industry

王斐青◎著

序

　　感謝餐旅類的所有教師與同學們對於拙著的支持與愛護，出版至今幾經修正與檢視，更在教學之餘四處參訪與請益的過程中發現更多專業特點與差異，並新增許多照片，期望增加讀者的閱讀樂趣與學習效果，希望能提供更多的實務見解與多元解析。

　　感謝揚智文化公司能夠提供機會，讓作者整理多年來的教學心得以及消費經驗，分享筆者過去二十餘年的教學總覽，從消費心理、產品選擇到實際體驗消費的細節與內涵，將心比心，站在消費者與業者雙方的立場一一整理出客觀的邏輯與規則，配合理論搭配相關案例的說明，期盼以最直接簡單的方式演繹專業觀點。

　　特別感謝閻總編給我盡情揮灑的空間，同時提供明確且吸引讀者內容的著作方向。多年來累積許多案例經驗中，讓我體悟經營者與消費端的多元關係與複雜關聯，並加以有效歸納、集結成書，提供給學生、消費大眾與業者正確之邏輯概念與營運認知。

　　感謝上蒼，給我如此豐富的學習空間與成長機會，賜予我經歷許多職場經驗與商業活動之豐富挑戰，引領我從困頓中尋找出路與解決方案，獲得美好的作業經驗、教學靈感與營運心得。

感謝上天，賜予無怨無悔完全體貼我的夫婿及乖巧成熟的兒子，在我專心投入教學工作、專業研究與實習輔導時，默默地支持我，得以持續個人的職涯發展與理想實現。

景文科技大學旅館管理系專任副教授

王斐青

目 錄

Chapter 1

餐旅服務的定義與範圍

★ 餐旅服務業之定義

★ 制服的利用與意義

★ 餐旅服務業之特性

★ 餐旅服務產品之本質

★ 顧客價值

★ 餐旅服務業的活動類別與範圍

第一節　餐旅服務業之定義

餐旅服務的基本定義如下：

1. 餐旅服務業泛指各類餐廳、飲料店、速食店、餐盒業、外燴業、糕餅店、西點麵包店、小吃店、旅館業、壽司店、俱樂部、旅行社、遊樂場、航空公司、高爾夫球場、運輸業、停車場及相關產業。
2. 所謂的餐旅服務，係指在餐旅事業相關的環境與機會中，服務人員為了顧客的利益（需求）所做的事。
3. 餐旅服務與差遣是截然不同的兩回事。
4. 餐旅服務是一連貫的組織互動與個人行為之組合。
5. 無形之特質是餐旅服務業的基本特性。
6. 餐旅服務業是三級產業。
7. 餐旅服務業給人的最初感覺及第一印象是經營成功的關鍵因素。

一、餐旅服務業的範圍

舉凡提供有關住宿、食物與飲食需求的所有行業，其中包括如各類餐廳、飲料店、速食店、餐盒業、外燴業、糕餅店、西點麵包店、小吃店、旅館業、壽司店、俱樂部、旅行社、遊樂場、航空公司、高爾夫球場、運輸業、停車場及相關產業等均為餐旅服務業的範圍。雖然餐旅業者是以提供住宿或是飲食服務為主的業種，但是這個行業的多樣性，仍使其難以規範在一個簡單的定義範圍之內，如提供會議與一般聚會服務、展覽（商展）與娛樂管理等業務，也可以被視為是餐

旅業的一部分；人們離家旅行時，會需要住宿、餐飲、娛樂與交通服務。而提供住宿、飲食服務與旅行目的地活動的各類行業，所提供的各種產品與服務，則是所有普羅大眾可自由享用的。同樣地，旅館業也提供各種可以供非旅行者使用的飲食服務、會議與娛樂的空間。此外，其他的餐旅業務，例如私人俱樂部、賭場、郵輪、自動販賣與主題樂園等，也成為許多旅客與非旅客在各種餐旅需求（住宿與飲食服務）的選項。

二、餐旅服務業的定義與工作範圍

餐旅業是最典型、最完整的服務業，是充分融合了人、事、時、地、物而演出的一幕幕舞台劇，無法重來，演得好就叫好又叫座，演出失敗就會立刻噓聲四起，嚴重時甚至會被喝倒彩，引發抱怨甚至惹出糾紛，導致組織的實質損失（包含物資、金錢與商譽）。所以從事前的準備一直到善後的工作，必須完全掌握，否則品質難以存在，市場也就消失於無形。

所謂的「餐旅服務」，係指在餐旅事業相關的環境與機會中，服務人員為了顧客的利益（需求）所做的事。台北東區有一家知名度很高、價位不菲的鐵板燒餐廳，深諳顧客來用餐的目的多半不只是為著美味料理而來，繞著廚師周圍邊用餐邊觀賞廚藝秀，雖然很有趣，但是好友想好好聊天談事情就很難了。通常聚餐或是商業活動都需要一個安靜的社交晤談的空間，所以餐廳體貼地將甜點與水果的服務轉換至另一個類似lounge的場地進行，顧客不但享用了專業美味的餐點，用餐過後仍有足夠的時間與空間好好聚聚。

餐旅服務不單指服務工作與餐旅相關物品的提供而已，它還涵蓋了價格、包裝、傳送、形象及購後評價等要件在內，亦即提供顧客所期待之內容的整體細節。例如外場餐旅服務人員基於訓練與任務交

付，進行一連串的工作程序，從穿著標準的服裝開始，為顧客提供飲料服務、送上菜單、點餐、核對點餐、傳送餐食、打包（餐食與物品）等，以最佳的態度及最正確的語言提供服務等序列的複合性工作。

(一)所有工作細節都在展示餐旅服務的意義

細微到從餐旅服務人員的工作過程至整個組織對顧客提供具有價值規模的整體任務，都是餐旅服務的展示。對於一個會選擇到高級餐廳用餐或是宴請賓客的消費者；一個開出高預算在國際會議廳舉辦會議活動的公司；對選擇在五星級旅館下榻住宿的旅客而言，都會期待這些飯店或是餐廳所提供的服務能有別於一般價位的餐廳與旅館。如更具有高雅質感的用餐環境、更精緻的器皿、更專業體貼的服務人員、更親切的語氣口吻、更精準的再確認服務（reconfirmation service），以及其他相關的餐旅服務項目，如提供專人停車服務、有便捷多元的付款方式，或是供應其他周邊產品之資訊與預約服務（reservation service）等。換言之，企業組織內每一個部門以同時分工或分時分工的方式所進行的工作內容，都是餐旅服務的一部分。

例如台北君悅酒店便設置了嘉賓軒，提供貴賓樓層住客一個專屬的服務空間，每天定時提供點心服務，隨時有專人免費供應咖啡飲品，更重要的是提供特定樓層住客一個專屬櫃檯，房客可以不必在大廳櫃檯站著辦理check-in與check-out手續，如此貼心的安排即是一例。

(二)親切的服務態度不是萬靈丹

親切的態度是基本的訓練與要件，自然沒有什麼能比得上一張笑容可掬的面孔與和煦的服務更讓人感到愉悅！然而當顧客沒有辦法得到應有的餐旅服務或應答時——例如客人撥打電話時無法順利接通服

務人員，遲遲沒人應答，或是找不到正確的詢問對象，只能呆呆地在電話這一頭聽著音樂空等——此刻再怎麼甜美的聲音、親切的態度都將變得毫無意義與價值。

個案1-1

換個說法更有效

A航空公司的空服人員在某次開往大阪的航程中，回答一位希望再吃一份日式涼麵的乘客要求時，空服員卻以「一個人只有一份喔！對不起」的嚴肅語氣及冷漠態度來面對仍然處於饑餓狀態的乘客，這是非常無禮又無情的，至於這樣的回答方式能否提升餐旅服務品質，恐怕是所有餐旅服務業者應當多加思考的！如果涼麵真的沒有了是個不爭的事實，當然旅客有所需求也是無用的，但是空服員的回答語氣實在有修正的必要，譬如一個更委婉更客氣的口吻如：「不好意思，現在所有的涼麵都已經送出了，您如果還需要的話，我們另外準備三明治提供，您覺得可以嗎？」

餐旅服務態度的親切程度固然重要，但是滿足顧客的基本服務需求仍是最優先之考量。以搭機為例，如果要旅客在態度親切的櫃檯服務或是轉機便捷兩者之間作選擇的話，相信大家會以後者為優先考量。又如以餐食為例，當消費者必須在專業熱情的招待或是食物超級美味之間二擇一的話，我相信較能吸引顧客，或較為令人難忘的應該是以後者居多。當然能兩者得兼的話就是最佳答案了，而這種完美的組合正是餐旅服務業界應積極對顧客達成的企業目標。

滿足顧客所需才是真正的優質服務

小陳投宿某山區賓館時，適值該賓館提供公務人員9折之優惠，恰好小陳與妻子二人皆為公職人員，因此就各自訂了一個房間，但是櫃檯人員以夫妻不可分別訂房為由，而不願提供兩個房間的折扣優惠。最後在友人耐心說明實際需求之後，對方才半信半疑的接受check-in。像這樣的待客之道，彷彿是在告訴旅客：「既然要出來玩，就不要怕多花錢啊！要什麼折扣呢？真是！」

三、餐旅服務與差遣是截然不同的兩回事

餐旅服務不是指片面可以使喚人的意思，有些高價消費餐廳裡服務人員的服務態度就經常顯得傲慢無禮，很可能就是基於這種對服務意義的誤解所致，以為只要顧客是可以花得起大錢的，就願意對他們卑躬屈膝；但是如果顧客看似不會消費或是消費額不高的話，就自然顯露出不在意或是不耐煩的神情。基於他們對於餐旅服務意義的誤解，經常會誤認自己的專業技能只需針對特定的對象而為，至於一般的顧客，不必太在意。因此當所謂的目標對象出現時，就立刻表現出願意任由差遣的扭曲現象。更因為會前來購買的顧客應該多為穩定之目標顧客群（即熟客），這些人通常不太會有隨機購買之情形，所以這一類的服務人員經常會以消費金額高低，或是否可能再來消費作為提供服務之參考指標。因此一般消費金額不大的顧客群，恐怕是得不到任何優質的服務態度，如是否提供充分的產品資訊、預先告知商品未來服務或是其他貼心安排之服務等。

餐旅服務需要敬業的服務人員

　　主動告知顧客服務與產品的特質或是附帶的服務項目與優惠，是確保並提升服務品質的重要指標。特別要提醒的是，當必須讓顧客自己提出需求才能得到服務的話，便是危機訊號出現的時候。此時服務人員若不能認知這個缺失，還以嚴峻甚且責難的態度來刁難顧客，簡直是不可思議的情況，這也註定種下該事業崩解的危機，同時也正是所有公家機構，或是類似公家機構的服務單位所必須面臨的危機現象之一。

　　餐旅服務業須主動顧及顧客的需要，包括幫助、給予、分享及滿足需求，並且確實瞭解顧客想要或期待的結果與消費體驗，致力於提供完美的餐旅服務。餐旅服務經驗的三大要素為：服務產品、服務環境與服務傳送。未能將有關顧客權益的重要訊息給予完整的提供，必然會破壞餐旅服務產品之本質。顧客對於服務產品的期望與滿意度也將隨之減弱，失去了顧客或是沒有顧客，就失去了市場，任何企業或是服務機構皆無以存續。沒有優良服務品質的地方就不會有顧客，尤其在景氣如此低靡的惡劣環境中，不能提供物超所值的產品將失去

競爭力。祖先的遺訓中揭示「以客為尊，顧客永遠是對的」之類的話語，似乎訴說著老祖宗經營與待客之道！「花錢的是大爺」之觀念固然不對，但是刻意的無視於顧客之存在，有意或無意的忽略顧客的需求，最後將澈底的失去他們，這是千古不變的道理。

個案1-3

服務人員應主動告知顧客服務與產品特質

小莉於7月到新北市某飯店住宿一間兩人房，含兩客早餐，定價2,500元的客房。入住後小莉對於舒適的房間感到滿意，在稍作休息之後，於晚間6:30下樓用餐。用完晚餐結帳時服務人員告知小莉可購買因住房而可享優惠之餐券，於是小莉前去詢問櫃檯人員有關用餐優惠之事，但是櫃檯人員告知小莉，因為已經入帳了，所以沒法再出售優惠券了，因此只能以原價來結帳，櫃檯人員這樣的回答實在是令人無奈。

四、餐旅服務是一連貫的組織互動與個人行為之組合

服務是一種行為模式（behavior）、一種表現（performance）及一種實際參與（participation）的專業訓練之演出。在任何一個進步成熟的自由商業社會中，餐旅服務產業均為其經濟活動之重要脈絡與文化圖騰之展示台。

對於消費大眾而言，餐旅服務代表著一連串消費行為的實際體驗之組合。也有人說，一方可以提供他方的任何活動或利益，本屬無形，也無須將東西的所有權加以轉讓；也有人認為服務是一種點子（idea）與想法（conception）的組合，如因應寵物經濟的快速發展，有人投資專為寵物與飼主而開設的寵物餐廳；為運動迷開設的運動餐

廳；為自行車運動人口開設的自行車餐廳、旅館等，餐旅服務產品則代表著物品與餐旅服務行為之典型組合，因此餐旅服務之組合難有專利可言。而餐旅服務業者尤其要留意此特點，所以提供者必須迅速的擴張服務之範圍與服務模式，方能取得競爭優勢（如達成規模經濟、降低成本之策略搶攻市場），或者積極建立專屬品牌及結盟等各種方式來保護投資行為之安全性。例如：「中餐西吃」；以養生為主之餐飲服務吸引具有健康意識的消費者；餐廳因應節慶設計具備特色之活動，邀請老顧客參與盛會；餐廳推滿漢全席體驗餐；TGI Friday的美式餐飲服務方式；運動Pub；泡湯加用餐；引進瑞士起司火鍋；台灣特製研發出巧克力火鍋之類等等。

　　餐旅服務行為必須以整體模式來加以呈現，非任何一個單一部門的成功可以造就，唯有全體的員工與所有相關的部門都密切配合，才有可能完整演出。以飯店宴會為例，從事前的規劃、接洽、簽約與細節的擬定，到部門之間在事前的充分溝通與協調、活動場地之確認、與簽約顧客再次確認合約細節、前一天所有細節之檢視、人員配置檢查確認、活動進行中之現場控制人員是否掌握情況、活動結束之後當事人結帳程序確實完成、顧客問卷調查等都足以說明之。

一場成功的宴會服務有賴全體員工及相關部門的密切合作　　　　後場工作人員的配合度很重要

個案1-4

一場最差的餐旅服務示範(一)

小尚決定於今年6月，在A市五星級飯店辦一場有別於傳統的西式婚宴，但是這個消費經驗卻令他顏面無光，根據當事人的描述如下：

經過朋友推薦，新人決定在飯店以歐式自助餐的方式來宴請婚禮當天的賓客。當時該飯店的訂席接待人員表示，承辦類似的宴會對於他們來說是非常有經驗的事，一切都會在掌控之中。在那同時，飯店也要求他們簽下保證100客的宴會合約，為了讓賓客吃得盡興，他們還增加了預算，每客的收費達1,680元。原本以為合約簽定之後應該有所保障，但是惡夢這才開始……

1. 當天宴會廳門口沒有安排任何接待人員，沒有擺上放置婚紗照的立架，餐桌上沒有桌卡。
2. 開桌後多半的餐點未送出，服務生當著賓客的面談論著：「蛋糕沒來，趕快到其他樓層去調。」
3. 餐具、紙巾、糖與奶精始終供應不足。
4. 賓客人數增加時，現場無人增設桌椅招待賓客，當賓客提出抱怨時，服務生竟然告知：「主人交代說不加桌耶！」
5. 菜量明顯不足、品質不佳，現場賓客抱怨不斷。
6. 事後，飯店非常敷衍的致歉，隨便給了幾張餐券就想息事寧人。

試問：如果你是當事人，你會希望飯店如何處理方能較為平衡？

五、無形之特質是餐旅服務業的基本特性

看不見又摸不著的情形下，服務與消費幾乎是同時發生的。餐旅服務是人與人之間的特定模式之互動遊戲，雖然有一定的遊戲規則，

但是「人」的狀況好壞卻是餐旅服務行為成敗的關鍵因素。因此，在討論人力服務品質優劣的同時，必須以個案或是實例來佐證才能檢驗服務產品之整體品質。諸如顧客在飯店餐廳用餐、去高爾夫球場打球、去遊樂園玩等，需要藉由服務業者提供整體之餐旅服務產品來營造企業印象。

餐旅服務的無形本質帶來一些問題，諸如無法試用、觸摸或是實際看見產品，因此顧客通常只可以依靠業者及產品的外部評價或形象，抑或是只能從初步的印象來判斷餐旅服務產品之優劣，這是風險很大的一種消費行為，但是如何避免或是減輕風險卻應是政府單位可以透過登記、備案、發證照與定規章等方式來制定的。一般工商業界可以借助所謂ISO等專業類的標準認證來提升作業水準，但是一般餐旅服務業如何同步制定類似的法規或是統一標準來制約業者，藉以管制服務品質並提醒消費者，應是整個餐旅服務產業必須共同面對的課題。

隨著全世界自由化、國際化之經濟政策的驅動，許多國際性的知名企業紛紛進駐國內市場，例如麥當勞、漢堡王、摩斯漢堡、赫茲租車公司、艾維斯租車、凱悅酒店集團、威士汀飯店集團等，都是大家熟悉的國際企業組織。而且在未來的新世紀中，必然會有更多的國際知名企業會陸續登陸本國投資或加盟，開拓台灣市場，創造企業利潤。他們共同的經營現象為，強調以提供國際標準化、專業化服務給消費者為經營策略。他們往往可以引進全新消費觀念或服務方式來攻占市場，以及借助優勢的創新管理方式來提升與訓練原有之勞力市場，此種現象將助長我國經濟多元化之速度，與加速國際化之進度，同時也將提升與擴展國人的消費觀念，及強化業者國際服務水準之質量。

六、餐旅服務業是三級產業

　　經濟體制依產業結構分為初級、二級與三級等產業。產業結構乃表示一國經濟各種產業生產值的結構，同時也表示對各產業的生產因素的分配狀況。產業結構三分法係於17世紀由William Petty所創，後由英國的統計及經濟學家Coline Clark利用統計資料的實際分析，提出一個經濟法則：「隨著經濟的發展，與個人平均所得的提高，勞動力將由初級產業轉向二、三級產業。」這一法則說明了經濟成長與產業結構變化的關係因而著名於世（林清河、桂楚華，1997）。

　　隨著經濟發展人們所得水準提高時，對於初級產業的需求，必定漸漸減緩。因此，二級產業的需求增加速度就會大於初級產業，產業結構因而隨著改變，三級產業將因支援二級產業之需要，加速發展，甚至超越二級產業之發展。

七、第一印象是成功的關鍵因素

　　餐旅服務業給人的最初感覺及第一印象是非常關鍵的成功因素。自己所投宿的旅館之服務水準如何？選擇用餐的餐廳能否提供優良的餐飲服務？多少總是會受到顧客第一印象的左右，導致整體的消費經驗隨之轉變。

(一)掌握最初接觸的服務品質

　　顧客與餐旅服務業者接觸的管道越多越複雜，最初接觸的服務品質就越重要。以旅館為例，顧客所接觸到的餐旅服務依序為機場接待人員、行李員、櫃檯接待員、服務員、房務員以及餐飲服務生。無論在哪一個作業環節，若要確保服務品質，務必使第一次的接觸成功圓

服務中心是飯店的首要印象與門面

滿才是致勝關鍵。

(二)提供安心、安全之保障

　　旅客在旅館住宿時，當然希望獲得及時的休息和完全的鬆懈。但是消費者經常遇見一些狀況，例如：一進房間就聞到臭味或菸味、離開餐廳時在門口發現蟑螂或老鼠、餐廳座位坐起來不舒服還會發出聲響、用餐環境吵雜且不整潔、一餐價值不菲的松露牛排大餐吃下來，竟發現水杯上留有別人的口紅印，或是佐餐酒的口感不搭配等等，那麼一切的餐旅服務將前功盡棄，完全失敗。

(三)關鍵的第一次餐旅服務經驗

　　一個餐飲業的經營者（或投資者），如果所在意的只是如何使餐桌的排列達到最高容納量（就是儘量的利用空間），好將營業額提高的話，那麼餐廳服務品質勢必受限制，難以提升，結果顧客非但無法藉著用餐經驗放鬆身心而感到滿足，也讓服務人員因為空間動線受限制而增

工作人員的服務態度影響服務品質之優劣

加困擾、影響作業。服務產品的整體感覺之營造是複雜的、多管道的、變數大的，尤其是餐旅服務操縱在於「人」的因素比重太高，除了更完備的硬體設備之外，必須依賴著高度的人為因素方能完成。

另外，有一些與餐旅服務相同的觀念與現象值得注意：

1.餐旅服務的產出結果是一種表現，並非單指物品本身而已。
2.在餐旅服務業裡，顧客參與，或與服務提供者合作的方式來完成服務的可能性很高，如速食店、自助KTV、汽車旅館等。
3.顧客與服務員在餐旅服務業裡均扮演舉足輕重的角色。
4.餐旅服務的品質很難以單位衡量統計之。
5.餐旅服務品質無法加以控制。
6.餐旅服務與服務品質不能儲存。
7.時間因素掌握成功關鍵。
8.科技水準與角色越來越重要。
9.建立全面的服務觀念。

個案1-5

具爭議性的危機處理模式

郭先生於2002年11月26日到一大賣場購物。走進賣場時就覺得地面有如剛剛打過蠟般地滑，行走間自然特別小心，但仍不小心在一樓服務台旁的賣場入口處滑倒，導致右肱骨踝骨折。雖然事發時，旁邊的專櫃小姐及銀行服務人員目擊後，立即將傷者扶起，在旁休息等候送醫，但賣場的服務人員卻不聞不問。因情況緊急，傷者自行通知在賣場其他地方的友人，友人隨即將他送醫。

郭先生在長達兩個月住院期間，曾多次連絡該賣場，卻無任何回應與答覆，直至當事人表示將採取法律途徑之後，該公司的公安部門經理才來電問候致意，並於隔日攜來一盒水果探望，同時表示公司不會賠償醫療費用以外之款項。

郭先生因右肱骨開刀住院，一年之後必須再開刀將固定用的鋼釘取出，且因每天需回院做復建治療，無法正常工作，精神上感到莫大的痛苦，只覺得如此大型而具盛名的公司，竟然表現得如此漠視與草率，與該公司一向標榜購物環境佳、服務良好之特色，呈現反差，覺得欺騙消費者。

(四)餐旅服務產品的規劃

餐旅服務產品的規劃可以透過組織提供服務的方式來表達。成功的使顧客、員工、股東和債權人都能明白組織的服務內容，也就是從管理階層的角度來看「我們是什麼性質的產業？」，或「我們希望顧客認為我們是什麼性質的組織？」。在傑出的餐旅服務業公司裡，這個觀念必須非常謹慎的傳達給顧客、員工以及其他相關的人；換言之，所有與組織相關的人是否知道在公司裡自己究竟扮演著什麼角色？員工自己清楚在做些什麼嗎？

如果能成功有效的把這些觀念傳達給員工與顧客，就可以幫助潛在顧客或是原有之顧客，評估及選擇適當的餐旅服務。成功有效的把這些餐旅服務的想法與規劃傳達給員工，將能使工作人員更重視他們所提供之產品的品質。而在餐旅服務工作進行時，所產生的運作困難點是難以突破的，如庫存即損失（機位、電影院座位、旅館房間及餐廳席位等皆無法儲存）、無法預先讓顧客瞭解服務產品（商品無法進行試用）、銷售額有限制（房間數、無機艙座位數、餐廳席位數無法立即擴充或增加）、無法限制銷售對象（消費難以設條件、身分、資格限制）、服務人員之耐心毅力有限，且無法掌握等現實因素。

(五)根植正確的餐旅服務概念於員工心中

能否成功的將正確的餐旅服務概念深植於服務人員的心中，再應用於平日的服務工作環節之內，始終考驗著餐旅服務業的經營管理與績效。而如何謹慎的設計完備的訓練方式來教育員工，制定考核制度來評估員工的工作表現，更是管理者的任務，並非員工的責任。所以建立一套周全的訓練制度來教育員工之前，是不應將經營失敗的責任推給員工的。而營運策略是實踐服務概念的最佳途徑，包括在營運、財務、行銷、人力資源以及內部控制等各方面的具體決策。很少有公司能夠將所有的問題與細節考慮周詳，事實上各家公司也未必非要在每一方面都表現傑出不可，有許多業者以特色取勝，也有的以價格取勝。但是成功的公司一般都能深刻體認經營策略的重要性，也願意集中所有的努力，尋找出一個最佳策略來作為經營的目標。這裡所謂的策略指的是，組織分階段決定出不同序位的任務重點，成功的階段策略不但可以達成公司的目標及承諾，同時也實現了有關內部人力資源、成本與利潤的目標。

第二節　制服的利用與意義

　　制服的設計與穿著規定，顯現著企業建立組織文化色彩的程度
與企圖心。制服是一個美麗的企業文化展示場，同時也可以展現企業
重視管理細節與服務品質的雄心。制服的設計邏輯與元素是呈現餐旅
服務品質很好的方法與途徑，當制服加上其他識別證件，如名牌、標
章、帽子、腰帶、鞋子或是領巾之類物品，甚至是統一的色系、圖樣
或造形設計等時，顧客會產生一種特殊的安心感與信任度，似乎因此
能對該餐旅服務的品質產生較高程度的辨識程度與信賴感。

　　制服可以表現出服務品質控制的模式，是一種提醒餐旅服務人員
與顧客雙方的感應器，雙方可以在不知不覺中，在無人監督的情況下，
自然的確保服務品質之水準。整理出制服的基本意義與功能如下：

1. 紀律、服從。穿制服能帶給大眾整體感，穿制服也代表著統一、
   凝聚共識與力量，因為統一就是整齊、有秩序的企業象徵。
2. 「制服」是團隊精神，互為榮辱，彼此認同的標竿。制服是種認
   同的效果，即認同自己是屬於同一團體，同一精神，同一目標。

員工名牌可以傳達服務訊息亦能彰顯員工的專業與能力

制服上的徽章是榮耀的象徵

穿上富有文化與風格的制服可以
讓員工更融入情境中

3. 上班族穿制服代表著組織的精神，更可以增加員工辨識度，也
   代表企業的整體性、專業性。穿制服後自然有一種歸屬感。
   「制服」的意義是代表你穿上以後就是他們的一分子，有類似
   「有難同當，有福同享」的感覺，而在團隊或群體中制服代表
   的是「你們是一體的」或「你們是平等的」的意義。

4. 藉以約束員工在工作崗位上的舉止行為。

5. 建立員工自我期許與互相尊重的習性。

6. 達成自我認知→組織文化氣質之鞏固。

7. 表徵企業組織文化，同時也是一種自然的宣傳方式。

8. 企業服務品質之標章。

9. 穿上制服表示不再以自我為中心，而是以團隊的目標為中心；
   另一個好處就是你不用想今天工作時要穿什麼，不必再花費置
   裝成本。

穿上制服的員工顯得自信又優雅

不同年齡層的員工因制服文化可以展現出組織的特性

　　在職場裡，個人的穿衣風格經常會被討論，如果員工因為穿衣風格顯露出異於公司規範與文化的服裝，個人與公司都會增加麻煩與困擾。對於員工來說，穿著什麼衣服去上班才是正確的選擇，才不會製造困擾，也著實令人傷神。許多行業無法規定制服，例如跑新聞的記者與播報新聞的主播，前者是工作時不方便，後者是無法吸引觀眾的目光，或是容易導致呆板的不良形象。所以能夠穿制服的產業員工，應該以幸運的心情看待之。

第三節　餐旅服務業之特性

一、餐旅服務的質與量特性

　　餐旅服務業提供的服務是無形「效能」，而非有形「財貨」。由於餐旅服務業的「產品」屬於「無形的服務」，所以無法計量計數、

不能試用、不能重來且不能儲存，生產與消費同時進行。餐旅服務活動必然有實施的對象，所以服務業除了利用商標、著作權來保護商品之外，很難再找到適當的方式來防止自己的商品被別人仿冒，因此造成餐旅服務業的進入門檻低、投資金額不高、競爭激烈、容易被抄襲、良莠不齊等，都是影響餐旅服務業成長的主因。

二、生產與消費同時進行

　　顧客在餐旅服務過程中的角色是服務活動的重要參與者，顧客在服務的過程中，親身感受與實際的經驗是最重要的。其次，在區位條件上，所在地點的優劣牽動著顧客的可及性，如交通與停車問題，同時也受到不少其他的限制。大部分餐旅服務業經營規模多半以小規模經營方式，分散於全國各地，成功經營的業者，進而發展成連鎖經營方式，以求減低大規模經營所造成的壓力，如進貨方式及存貨問題。

三、產能與產量的規模限制

　　在時間上來說，餐旅服務業是需求決定供給，餐旅服務業產品不能配合需求尖峰來大量生產供應顧客，因此營業額嚴重受限制。再者餐旅服務因時、因地、因人而異，若為了因應尖峰需求而投入大量設備來滿足消費需求，往往因離峰時刻之利用率偏低而拖垮企業經營之獲利率，此種情況屢見不鮮。

　　為彌補設備不足的情況，大部分餐旅服務業因此被迫轉而採用較具彈性之勞動力，諸如工讀生與兼職人員（part-timer）等，雖然因此造就了許多的就業機會，卻可能因此也影響了餐旅服務品質之掌控，畢竟組織在流動勞力的管控能力遠低於固定人力。但是若增加設備或是增加人力成本而必須提高價格，則價格之競爭力就降低，必定導

纜車內設置餐廳位置別出心裁但有其嚴格限制

致需求因提高價格而減少,這些皆為當前服務業之經營難題與矛盾之處。因此,企業往往企圖以優惠或是超高誘因的行銷方式推銷離峰時段的消費與產品,也可以減輕因為產能限制所衍生出的經營壓力。

 ## 第四節　餐旅服務產品之本質

　　產品與服務難以區分。餐旅服務是一系列連續的專業行為之組合,餐旅服務不具實體、品質呈現不一致性、產品不可儲存性、生產與消費同時發生、失去顧客即失去戰場等這些特性前面已經討論過,以下針對本質的部分繼續討論。

一、產品與餐旅服務難以區分

　　因為購買產品會伴隨著若干附帶的服務(例如送貨服務、包裝服務或售後服務等),而購買餐旅服務經常也會包括貨品(例如餐食、贈品與相關物品等),每一次的購買行為都是貨品與服務的多元組合

後場工作人員的專業分工將影響整體的工作表現

　　（例如有業者提供吃牛肉麵送麵碗、點咖啡送咖啡杯、喝茶送茶杯的組合行銷服務）。而雖然有些餐旅服務業（如飯店），餐廳分為前場與後場的作業區分，對於被隔離在後場作業的工作人員而言，能否將工作加以技術與責任區分，將左右整體的工作表現（如專業分工之必要與程度）。

二、餐旅服務是一系列連續的專業行為之組合

　　結合著個體行為、組織工作分配方式的整體表現。雖然在餐旅服務的過程中，產品本身具有基本之消費價值，這是很根本的，當然不可忽略。比如當我們決定是否去買某一家品牌的外帶甜甜圈或是咖啡時，最基本的因素還是在產品本身，對顧客而言，純粹只想得到好吃的產品，能直接快速的拿到自己購買之產品就好；到餐廳吃飯時，雖說是餐飲服務品質很重要，但是如果最後餐廳方面提供的餐點不好吃，或是有不滿意時，也不算是成功的消費經驗。

個案1-6

一場最差的餐旅服務示範(二)

　　某日,筆者與同事在中山北路二段一家具有悠久歷史的日本料理店裡聚餐,同行六人只顧著聊天,在服務員的推薦之下,不假思索的就點了一些在菜單上沒有清楚標價的菜,如一魚三吃等,服務員只表示是秤重的。就這樣,大約六十分鐘之後,我們點的菜一一上桌後,因為接下來要去KTV唱歌,所以想結帳走人,但是有人提醒說:「薑汁牛肉還沒來耶!」,於是我們告知服務生說那道菜不要了,過了一會兒,有一位穿著便服看似老闆娘的人走過來說了一句:「已經在燜了」。之後,我們又足足等了二十分鐘之久,實在不想再等待了,便詢問服務生:「我們的菜到底來不來啊?」。就在完全沒有任何回應的情形下,當我們起身要離開之際,一盤牛肉飛也似的被放在桌上,我們非常無奈的又坐了下來,意思性的吃了一些,心想趕快結帳走了吧!

　　結帳時,老闆娘沒有一點點的歉意,完全沒有致歉的意思,一臉漠然,我們只能無奈地想著以後再也不來這種地方消費了。

　　筆者有一次在台南某百貨公司內知名且高價位的茶飲店停留,點了餐食與飲料,結果是整體服務讓人無奈,服務人員算是客氣,但是送上的珍珠綠茶出現白斑點,提供的套餐不但份量少,而且毫無滋味可言,這次的用餐體驗,是一次令人失望的消費經驗。搭飛機、投宿飯店或是到百貨公司購物時,其實也都是在經歷一種混合著餐旅服務與物品的組合產品。單價越高,服務與產品組合之複雜程度越高,兩者因素之間都不可或缺。

三、餐旅服務不具實體的特質

　　餐旅服務不具實體的特質，係指當提供服務的人員在進行餐旅服務工作時，從事的所有工作內容都是無形的，甚至是難以記錄與統計的；為了完成服務工作，所做的事前準備工作更是無法被看見與存留的。例如為了舉辦一場成功的會議與餐宴，工作人員需在事前先協調所有相關單位，準備物品，商借所需之設備場地，甚至事前演練與試用、試菜等。這些過程與環節都和現場的服務工作一樣無法被看見，甚至就算在進行服務當時以錄影的方式記錄下來，這些細節對於顧客而言也不具備任何意義。

四、餐旅品質呈現不一致性

　　餐旅服務之不一致性指的是，操作餐旅服務工作的成員都擁有獨特之個人特質與行為傾向，導致在執行服務工作時之程序、數量與品質皆無法一致；雖然多數的餐旅服務業者都設定了SOP（Standard Operation Procedure），但是個別員工的操作習慣與工作時的身心狀態，仍然多少會影響到工作時的表現與品質，連帶的當然也會影響整體餐旅服務品質。以飯店為例，雖然有些國際觀光級飯店會採用 Mystery Shopper（神祕客人）的制度，來評鑑飯店所有的服務環節與品質，但是這都只是希望提供給管理階層一個提升餐旅服務品質的參考依據，並不一定能直接有效的反映在提升餐旅服務品質的效能上。

五、餐旅產品不可儲存性

　　餐旅服務的不可儲存性源自於服務不具實體之特質，既然無法具體的被記錄、被敘述，甚至被看見，當然也就無法被儲存了；餐旅服務產品，如座位（班機／火車／捷運／公車／戲院）、飯店的房間、使用的遊樂設施、容易腐敗不能隔夜的食品、餐廳的座位等情形，都明確說明餐旅服務產品之獨特性，當天的產品需要當天製成，同時完成銷售服務。與製造業截然不同的特性，造成餐旅服務業在經營時的難度，因此餐旅服務業者在經營時，必須建置更能維持餐旅服務品質的管理制度與作業流程。

個案1-7

餐旅產品的有效利用

　　我國許多糕餅業者都會將當日銷售不完的麵包與蛋糕製品，固定送到育幼院、養老院與孤兒院等慈善團體，供應這些單位所有人員的平時飲食，這已經成為普遍的善行模式，也將餐飲界發揮社會服務的特質做了高效率的利用。

六、生產與消費同時發生

　　生產與消費同時進行的解釋是，當顧客不在現場時，所有的餐旅服務工作都無法順利進行。就算有些東西需要事前準備與製備才能完成服務程序，但是如果顧客不在現場，或是顧客不肯配合演出的話，所有的餐旅服務都無法如預期的方式完成。

餐旅服務的生產與消費同時進行

在歐美，不少提供高級服務的餐廳或是表演廳，會要求觀眾或是顧客必須穿著西裝，或是有衣領的正式上衣才可以進入會場或是餐廳用餐；游泳池要求顧客必須穿著泳裝、戴上泳帽與蛙鏡才得入池；滑雪場要求遊客必須上過基礎課程，才可以開始滑雪，或是必須著標準裝備才可以進場等等；前述這些都是依據以上原則而產生的現象。

七、失去顧客即失去戰場

回歸到消費基本面，餐旅服務業仍然需強化有形產品的品質與數量，畢竟顧客的消費目的仍需以產品為核心。強化產品與服務的密切結合，設法具體提高整體的餐旅服務品質，才能使產品發揮更大的效果，最後才能提高顧客的滿意度。目前很多的餐旅服務業，若要成功的經營企業，都必須從經驗中實現這個正確的觀念，並且確實面對顧客的需求，更有效率地整合餐旅服務、產品及服務環境，才算真正的完成餐旅服務，順利留住顧客占有市場。

第五節　顧客價值

「79元的特價午餐」是麥當勞推出的低價格促銷專案，五星級飯店推出「499元點菜吃到飽」，夜市推出的頂級百元牛排大排長龍，去掉讓人看得見卻吃不下的沙拉吧，將食材成本全流向牛排本身，收費低廉又強調了主食的品質之狀況下大發利市，讓人不得不思考，所謂的「顧客價值」是否產生了質與量的結構性變化？

所謂的「顧客價值」指的是什麼？簡單的說，顧客價值的實現是服務業生存的雙贏途徑，唯有積極的創造顧客的價值與利益，才能留住既有顧客群，並創造潛在顧客市場，以獲取企業的利益與生存。在日常消費生活也一樣，我們都希望取得更高價值的物品或服務。所謂的「物超所值」，意指在購買商品或餐旅服務時，希望能以穩定的期望價格取得優於原先購買之物品與服務，或是能取得更好的購買條件（如提供贈品或是優惠方案）與其他附加價值（如買長程機票送短程機票、披薩買大送大等）。至於判斷消費者確定購買之因素則有：

1. 該商品或餐旅服務對消費者所產生的效用有多大？顧客對這些服務產品的需求度又有多大？需求的基本原因是什麼？
2. 為了這些效用與需求，消費者本身所必須付出的費用與代價應該是多少？

因此，對消費者而言，所謂顧客價值是由所獲得的服務產品與付出的代價，相抵之後的結果來決定的。如果服務滿意度＞付出的代價，就是成功的模式與顧客價值的正面意義。無論是有形商品的生產者，或是餐旅服務產品的提供者，企業如果無法提供具有高顧客價值的商品與服務，將無法在激烈的競爭市場中生存。現今景氣低迷，

對企業的考驗更加嚴峻，業者無不爲如何以較低的價格提供顧客更優質商品或餐旅服務而努力，然而從吸引消費者的角度來看，如果能保住原有之品質，業者願以直接破壞原有價格的促銷方式來吸引顧客的話，對消費者而言的確是具有指標性的實質效用與誘因。

一、價值的認定

價值的認定其實是主觀的，一般人很難在消費時會替業者著想，所以餐旅服務的價值完全掌握在顧客方面，而不是在企業本身自己覺得做得有多好。現在社會上很流行一句話「自我感覺良好」，企業如果落入這樣的思考中，將造成企業在經營上的迷失與陷入陷阱。一般而言，在企業追求顧客滿意的過程中，最容易讓人感到挫折的就是顧客與公司之間的價值認知落差過大，所以如何找出雙方會產生落差的銜接點，並且進一步尋求解決之道加以彌補，是經營者的責任。

在找出根本改善策略前，應該先找出顧客短期需求，提供替代方式予以滿足，千萬不可以漠視。顧客對於商品以及餐旅服務品質的需求，是一直存在的，並不因爲其他外在或內在環境的演變而有任何的不同，甚至是越來越高。基本上，吾人不應該認爲顧客都只是被價格所左右的族群，哪裡有低價商品就往哪裡鑽。其實不然，顧客的心理是很複雜的，越來越精明的，絕非單純以價格因素就可以主導的。而這個複雜的環節就是「需要」、「效用」與「滿足」之間的迷思。

我們經常深陷於「我知道顧客的需要，所以就去滿足他」的意識裡，可是卻忽略了顧客使用後的真正意見，才是市場競爭致勝之道。顧客對品質的要求，不會因爲任何理由而改變。但是當每一家公司都能提供滿足顧客需要的商品或餐旅服務的時候，此時促使顧客決定的改變，其理由就在於商品效用之於顧客的大小而定。

「效用」的認定通常是不客觀的，必然是顧客經過「比較之後」

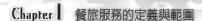

得來的。顧客會比較每一次消費的經驗（如用過餐的餐廳或住過的飯店），看看到底哪一家比較符合自己的預算、需求與喜好，以作為再次選擇的重要參考。事實上，如果在這個過程中，餐廳或是旅館犯了任何錯誤，或是讓顧客有感到不滿意之處，顧客可能直接將之淘汰放棄，並不會將缺點告知業者。因此，當每一家公司都想提供讓顧客感到滿意的餐旅服務時，聰明的業者就一定要盡力提升顧客使用後的效用，讓自己的服務或是商品在效用上優於其他的競爭者，自然就不怕其他同行的競爭與威脅了。具體的做法，如準備消費後的滿意度問卷調查，確認所提供的服務是否良好，現在多數企業紛紛成立0800的免費專線服務，卻無法提供及時替顧客解決問題的後續（追蹤）服務。大家都認為0800是服務品質的象徵，卻不瞭解0800只是提升服務品質的管道與途徑，並非特效藥或是裝飾品，事實上重要的是餐旅服務品質本身。而「人」與其相關的資源更是成功關鍵，若誤以為只要設立0800顧客服務專線，卻沒有能夠配合後續服務的作業系統，是不可能達成優質餐旅服務品質之要求的，那麼當初設立0800顧客服務專線的美意將盡失。

二、價值與效用

如何瞭解並創造顧客的需要，一直是服務業處心積慮的共同議題。而顧客是如何看待自身所購買之服務或是商品的價值，更是所有服務業應當確實追究的。簡單的說，顧客對於商品的使用價值，有著他們自己主觀判斷的標準，當使用後的效用符合期望時，業者的目標就已達成。然而，顧客主觀的價值判斷究竟是基於什麼標準？以及是藉由哪些策略造成的？則始終難以找出量化的結果。其實，說穿了很簡單，顧客要的只是能夠及時「解決問題」和「獲得滿足」，至於不同公司或是不同品牌的差異性，顧客基本上不太在意。他們只想找到

適合自己的商品就可以了，比較品牌或是品質，都是爲了滿足自己的利益與需求。如果能找到適合自己並且滿足自己需要的餐旅服務時，那麼主觀價值就達成了。

　　根據上面的觀點，成功經營之道應該是主動的「創造」顧客需求，而不是被動的追求顧客的滿意點。換句話說，能預測或是創造顧客的需求，就可以取得主導品質與價值認定的地位。顧客接受度越高的商品，消費數量相對增多，一般認爲最好的商品勢必具有一定的競爭優勢。創造屬於自身產品品牌的獨特特色，藉以維護顧客的眞正價值，同時也可以鞏固品牌的競爭力，這恐怕已經是業者急需面對的重大挑戰了（品牌戰爭如火如荼地蔓延開來的台北都會地區就是實例）。

三、餐旅服務的全面品質時代

　　一般企業會利用顧客的消費反應，來測試餐旅服務本身的成功程度，而測試的方法只是手段並非目的。業者締造成功的經營態度源自於對產品品質之要求永不滿足，對於顧客的抱怨絕對不會產生防衛心態。必須對企業所提供的餐旅服務永不停止修正動作，並強勢的保留修正之空間，更不會覺得已經到達完美，甚至超越顧客要求之地步（產生「自我感覺良好」之受嘲諷現象），專業經理人一致認爲，眞正好的餐旅服務是──總是能夠自己發現服務作業的缺點與不足。

　　一般而言，顧客只要能得到自己所認爲的優質服務，就會持續的消費與支持，並且積極的回饋給業者，以作爲其認同產品之積極舉動，所以當餐旅服務業能掌握這類顧客之後，經營績效自然進入穩定狀態。當然，重要關係人（如股東、業主）的經營方針也是相當重要的，當經營者提供了自認爲令消費者滿足的優異服務，卻未對市場與自身能力做好全面評估的話，最後還是難逃失敗的命運。如台灣旅遊

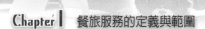

業市場上最知名的個案——瑞聯航空公司以令人咋舌的行銷策略出現在市場，該公司是以極不合理之超低價「1元機票」作為攻占市場之狠招，在當時的確造成震天的迴響。基於航空業之經營成本龐大的事實，沒有人看好他的運作，所以幾乎所有行家都認定結果必定悲觀之時，事實上瑞聯航空也真的被財務狀況給拖垮了。這個個案說明了提升顧客價值雖然是經營致勝之關鍵，但是必須在合理經營的範圍之內發展與競爭，過分渲染或是不合常理犧牲的行銷經營方式，都將導致失敗的命運。

第六節　餐旅服務業的活動類別與範圍

一、餐旅服務業的活動類別

拉維洛克和亞伊皮（1996）提出服務活動之三項分類（如圖1-1）為：人本服務、物本服務、資訊服務。首先說明，服務被視為是一種活動，所有的產品與勞務都必須透過服務活動方能完成之（林清河、桂楚華，1997）。

(一)人本服務

餐旅服務活動是以「人」為對象的活動，所有的餐旅服務工作必須依靠與人互動的前提下才能進行，一旦失去人的參與就無法完成餐旅服務。雖然同時也需要借助相關物品的提供，才能確實完成所有的餐旅服務程序。例如各種餐廳、旅館、旅行社、遊樂園、航空公司、健身房或是俱樂部等，都是典型的以人為主、物品設備為輔的服務活動。

實際行動

顧客本人　　　　　　顧客所屬物品

人本服務　　　　　　物本服務

資訊服務

顧客參與程度

高到中等

低

重要

地理位置

可以沒有

圖1-1　服務活動的主要分類

資料來源：林清河、桂楚華（1997）。

(二)物本服務

物本服務活動植基於物品的包裝、傳送，而傳送的過程中需要借重專業的服務程序，才能順利的將所有的產品完整的傳送給顧客。例如便利商店服務、速食餐廳、披薩店、餐盒業、飲料店等，都必須限時完成，此活動過程顧客不太需要親自參與，因為不必要在現場目睹或是參與製作與服務過程。

(三)資訊服務

以資訊為元素的餐旅服務活動，依賴專業資訊的程度越來越高，整個服務的過程中，資訊的多寡與利用效率扮演著關鍵的角色。失去資訊的專業演出將不可能使餐旅服務業有任何成功的機率，例如結帳服務、顧客關係經營、存貨管理、預約服務以及其他相關資訊服務。

　　整體餐旅業中最主要的項目為住宿與飲食服務，隨著人類生活方式的演進，也發展出更多其他相關的服務，包括主題樂園、郵輪、賭場，以及各種餐旅、旅行及其他娛樂休閒服務。過去，人們的旅行多半屬於商務性質，時間比較短，而且因為整體環境之故，除了工作目地之外，甚少有其他的功能或活動。現在，越來越多商務旅客會安排家人同行，致使許多商務旅行的時間延長，活動變多元。近年來，商業活動的活絡與頻繁的趨勢，休閒的時間越顯珍貴，如何以越精簡的時間以及越精準的行程安排來搶攻市場，已成為業者努力的方向，也是商機所在。旅行模式的改變，並未降低顧客對餐旅業所提供的各種產品與服務的需求，旅館與餐廳業者仍然必須滿足消費者的各種需求。然而，由於消費者的複雜度增加，消費行為越多元，餐旅業者彼此競相找出目標顧客也正方興未艾地延續著，使得這項工作更具挑戰性。

二、餐旅服務業的活動範圍

　　觀光與旅遊業係指滿足旅行大眾需求的行業；而餐旅業係指當人們離家在外時，提供住宿與會議膳宿、餐飲服務以及其他項目的服務而言。以下針對餐旅業之概略範圍作一簡單分類說明：

(一)旅館

　　當人們離家在外時，何處可以讓他們平安地睡個覺，出外活動的旅客在一天行程結束時，可於何處休憩。許多旅館除了提供安全的休憩處所以外，擅長於透過提供其他服務而提升市場競爭力。提供給客人的娛樂設施項目，可能包括食物與飲料服務、游泳池、健身房、三溫暖、SPA、會議室、商務中心、遊戲室、閱讀室與服務中心等，以便於旅客從事各種活動。旅館的種類很多，交通部觀光局將住宿業分

成四種：國際觀光旅館、一般觀光旅館、一般旅館及民宿。旅館所在地點可能是在公路邊、城市內、郊區或是在機場邊。雖然旅館有一種長期住宿（long stay）的市場，針對數週或更長時間的住宿，但大部分旅館的房間出租時間都在一週以內。

提供舒適、安靜、安心的住宿環境是旅館的基本功能

旅館的硬體發展越來越講究

(二)休閒渡假村旅館與分時享用型旅館

　　大部分的休閒渡假旅館（resort hotel）都會提供全方位的餐旅服務項目，以及其他吸引人的自然環境資源條件。例如，休閒旅館可能會提供高爾夫球、水療、溫泉、滑雪、騎馬、網球、海灘、遊樂園，以及其他足以吸引旅客停留數週之久的設施。分時享用旅館（timeshare hotel），也稱之為暫時擁有權旅館，是提供旅客在一年當中某一時段的旅館使用所有權，購買者每一年可以在同一時段或特定時段使用該一場地，購買的價格依據購買的條件背景而定。

(三)渡假公寓

　　自由經濟體制之下，人民擁有財產所有權。某些自然資源條件優異的物業，其所有者可以在不居住期間，把物業出租，由專業管理公司負責行銷該公寓租賃作業，收取客人的租金，以及在客人住宿期間提供清潔與其他服務。負責管理作業的公司則可以從租金中獲得這些服務的合理費用，其餘的租金則由公寓所有者獲得。渡假公寓（resort

休閒旅館的休閒功能與遊憩活動越來越多元

渡假公寓的型態發展快速

apartment）提升物業的使用價值與經濟效能，也可節省地球資源，提高物業的使用效能。

(四)會議（展覽）中心

會議（展覽）中心（convention center）的專業人員協助會員規劃會議與展覽活動。食物供應的範圍則從咖啡休息時間的一般飲食，一直到全套的正餐皆有。近年來快速發展的MICE產業（meetings、incentives、conventions、exhibitions）甚至已成為重要城市吸納資金的活水泉源，對於當地的經濟挹注甚多，隨著國際化的熱潮不斷地延燒，這類的設施與設備將會更多，除了固定的展區與區域之外，更可隨活動的性質不同而機動性的設置，如台北花博會、各地的海洋博覽會之類。

特殊組織與商業機構通常會聘僱會議規劃人員籌設組織、規劃會議、聯絡主講員、選擇與協調會議場地，並且負責一切執行的細節瑣

事。另外，專業的會議規劃人員也為外部的顧客提供專業服務與行銷工作，以確保會議能順利進行；而商業或是非商業展覽之舉辦則邀請相關產業的供應商參與展示產品與服務活動。展覽的時間有長有短，必須收取攤位租金；展覽活動經常是會議產業的其中一環，也是餐旅業的另一延伸產業。許多會展活動會同時、同地舉辦，比例不同，有些以會議為主，有些以會展活動為主。

(五)露營地與園區小屋

休閒遊憩的概念興起之後，加上公路汽車業的發達，多元化的旅遊需求已經不是貴族們的特權，人們想要借助汽車來延展自己的視野及活動範圍，開著自己的（或是租來的）休旅車奔馳在各式公路上，以最節約的方式接近大自然欣賞美景，體驗各地的特色生活與田野風光，漸漸蔚為風潮成為趨勢。因應這類休閒需求的露營地（camping site）與園區小屋（cabin）群落隨之出現，提供大眾多樣的選擇。

露營活動逐漸蔚為風潮

(六)民宿

民宿（bed & breakfast, B & B）通常規模較小（一間至數間客房），由居住其內的個人所經營。提供客人住宿的房間，是屋主擁有房子的其中一間，並會供應早餐，收費包括在客房的租金之中。這種生意其實就跟古早時候人們提供自家的房間接待旅人，讓他們繼續行程的情況相同。

(七)餐飲服務

「民以食為天」，旅客在旅途中一定要吃東西，補充體力，服務飲食與酒水的地方，也就是當地居民從事商業活動或進行社交活動的地方。基本上粗分為營利與非營利兩類，以供應產品與服務而獲得利潤的餐飲服務業，即稱之為商業性餐飲服務業；另一種基本的餐飲服務業，是基於民生健康及醫療需求而提供餐飲服務之機構與組織。

日本一泊二食的旅遊行程經常安排客人在房間內用餐

(八)旅館的餐飲服務

旅館中的餐飲供應選項，包括咖啡廳、酒吧、餐廳、宴會廳及客房服務（room service）等。旅館的餐飲服務目的是為了提供住客在居住期間的餐飲需求而設，也是住房與會議設施以外的另一種獲利來源，所以是屬於營利性餐飲服務。

(九)餐廳

餐廳主要的業務就是在固定的區域與空間內，銷售食物與飲料給個人或團體，性質以供應餐飲服務獲利為目標的單位。餐廳的座椅數多寡不一，可能是獨立設置於旅館、休閒勝地或購物中心內。除了食物以外，餐廳可能供應酒類，菜單從簡單到多元化不等。有可能是高價餐點（fine dining），由專業服務人員在優雅高級的場所，供應精緻美食並提供精緻服務，也可能是出納員在櫃檯後供應餐食的簡易快餐店。

市場上也有某些特殊主題餐廳，如機艙型、醫院型、監獄型或是卡通主題特殊的用餐環境，也可能只是普通桌椅與一般家庭式餐點。

餐飲業競爭激烈，業者在硬體與料理上無不費盡心思

得來速餐廳提供開車顧客另一種餐飲選擇及便利性

餐廳通常都是現場提供客人餐點，然而，得來速（drive-through; take-out）餐廳則是另一類型。

(十)外燴業

外燴業（catering business）這類服務是針對顧客的個別需求來製作食物，包括餐廳外賣食物與飲料，或事先訂購的餐點，而在特定區取貨的餐飲服務，以及速食店的得來速窗口點餐，這些都與傳統的外燴業有所區別。膳食供應商（caterers）通常在自己的廚房之中製作食物，之後載運餐食送到顧客所在地，繼續加熱料理製備之後供應與服務，某些外燴業者也有提供團體客人在食物製作現場用餐的空間。

(十一)零售店

將餐旅相關產品製作包裝後，在各種零售商店（retail store）銷售，包括大型百貨公司規劃美食專區供應可坐下用餐的環境；銷售飲料、零食、冷熱三明治簡食的便利商店；以及加油站的櫃檯休息區等等。

零售店的大量出現，凸顯了餐旅事業的價值與功能

(十二)酒吧與酒廊

酒吧（bars）是供應客人坐在櫃檯邊飲酒的服務，而酒廊（lounge）則是供應桌邊服務式的餐飲服務。從酒類銷售中可獲取比餐食更多的利潤，然而某些酒吧與酒廊仍會供應一些僅需簡單設備料理食材的輕食。此外，現在發展得相當熱絡的Pub本來是純喝酒的地方，因為時代的趨勢已經延伸出許多的種類，如Disco Pub、Live Pub、Talking Pub、Sports Pub、TV Pub等。

(十三)非營利型的餐食服務

非營利型的餐食服務供應服務，包括由學校所提供給學生的餐飲服務、醫院供應病人餐點、育幼院養老院供應福利餐飲、軍隊供應食物給軍人、企業為工作中的員工提供餐食，以及宗教與慈善機構則供應特定食物給其成員食用等。

(十四)運動與娛樂業的餐飲服務

在運動場合及表演場所提供的餐飲服務，如零食攤以及送至球迷座位旁邊的飲料與食物服務、在歌舞表演廳內用餐，都屬於此類飲食服務業的範圍。

(十五)俱樂部

各種會員俱樂部（club）都是由基於共同興趣者集結而成。俱樂部包括了鄉村俱樂部、城市俱樂部、大學俱樂部、遊艇俱樂部以及軍事俱樂部等。俱樂部幾乎都供應餐飲服務（包括有限的食物種類甚至各種精心製作的主題食物），某些俱樂部也為會員或是受邀賓客提供住宿服務，以及向外燴業者採購專業餐飲服務。

(十六)賭場

賭場（casino）雖然是經過精心專業規劃的博奕場所，但是食物、飲料與住宿等通常都包括在提供給賭場客人的套裝服務之中，目的是希望使旅客可以無其他顧慮地盡情享受賭場的所有設施。

(十七)郵輪

郵輪（cruise; travelling ship）通常供應非常精緻的食物、飲料以及客用艙房，以套裝方式服務旅客。除了一般航海的遊憩需求之外，豪華的遊艇經常把陸地上的所有設施搬上船去，讓旅客在停留期間可以分秒盡興、時時歡樂。

(十八)自動販賣機

自動販賣機（vending machine）通常是設在不方便供應人工的餐飲服務的地區與時段，所供應的食物與飲料服務、服務與包裝方式，都必須考慮販賣機設置地點與顧客的使用便利性。在發達的地區，如日本等地區，自動販賣機所提供的餐飲服務越來越多元與精緻化。

郵輪的規模與服務越來越完備

日本餐廳門口的餐券販賣機

販賣機節省人力又方便

(十九)娛樂場所與主題樂園

主題樂園（theme parks）通常是非常大型的旅遊娛樂組織所設。人們最熟悉的包括加州迪士尼樂園（Disneyland Park）與佛羅里達州的迪士尼世界（Disney World）、明日世界（Epcot Center）與環球影城（Universal Studios）。

許多主題樂園內都設有旅館與許多餐飲服務區域，從提供多樣化食物的全服務餐廳、食品種類較少的速食餐廳，以及販賣甜點與飲料等的食物餐車均有；也有包含一般的娛樂場所，如溜冰場、滑雪場、劇場、棒球場、高爾夫球場、游泳池等單純活動園區。

(二十)特殊活動管理

餐旅業中的大型賭場與旅館業者會運用知名娛樂界人士、戲劇表演以及其他方式吸引人們前來消費。例如體育競賽活動、名人婚禮、特殊活動紀念日以及假日等，都是必須運用餐旅服務的慶典機會。這些活動的管理與經營，可以創造許多工作機會與利潤。

主題樂園裡販賣的可愛造型餐點

提供全家歡樂的典範企業

Chapter 2

餐旅服務觀念之建立與培養

★ 清晰的餐旅服務觀念
★ 社會環境的整體配合
★ 服務承諾與實現之重要性
★ 餐旅服務的過程

第一節　清晰的餐旅服務觀念

一、把顧客當成是自己來看待

　　唯有將顧客當成是自己來看待，才能解決所有的問題，不能關心顧客所體驗到的餐旅服務與質感的話，雙方是不會產生正面的互動關係與結果的。而顧客服務的表現多數都是無形的，需要藉由企業整體的產品形象、員工表現，以及組織文化等因素來共同完成，其中最關鍵的因素就是「人」，包括第一線的員工以及相關之基層主管。

　　餐旅服務活動是人與人之間的複雜劇碼，人的情緒與工作時的狀態之好壞關係著餐旅服務表現的成敗，就像演員演戲一樣，情緒是很關鍵的變數，但是一般演員或許有NG的機會，服務人員卻沒有重來的可能。因此，「人」的表現如何，會直接影響到整體餐旅服務品質之優劣。

提供餐旅服務時須把顧客當成是自己來看待

　　服務的觀念說明了組織提供餐旅服務的方式與品質之呈現情況，如何使顧客、員工、股東及債權人都能明白餐旅服務的本質，是組織經營管理之基本任務。當顧客及餐旅服務人員都能對公司所提供之餐旅服務產品抱持一致的認同與價值理念時，那這個正面的經營結果將可以儘速的達成。對顧客而言，企業如果能有效的把這些觀念清晰的傳達給顧客，就可以幫助潛在顧客評估及選擇適當等級的餐旅服務，如果能把觀念清楚的傳達給員工，將能使工作人員更重視他們所提供的餐旅服務內容，有助於員工提升工作績效及表現。

二、積極建立顧客的認知

　　如果公司傳達給潛在顧客的訊息與實際所提供的餐旅服務之觀念一致，顧客就應該可以對「產品」產生正面期待。但是相對的，如果企業傳達的餐旅服務產品訊息複雜多變又不穩定的話，就會令顧客感到困惑不安。

　　世人對於迪士尼樂園相關的產品認知是：童話的、夢幻的、多采多姿的、熱鬧的、友善的，並且是老少咸宜的家庭式複合樂園。顧客的產品認知在這個企業裡必然可以得到預期的消費結果，同時華特·迪士尼公司也期望不斷地透過良好的管理方法，來傳達相同的訊息，以強化顧客之認知。相對的，如果迪士尼樂園的園區內提供之服務呈現出紛擾、爭吵與髒亂的氣氛時，就澈底抹煞了該企業之組織文化與經營特質了。企業能積極的、持續的提供以及傳遞給消費者正確的經營意念，對於消費者而言可以解讀成是一種正面的表現。

節慶元素是建立顧客認知的最佳途徑

三、整合組織與員工之餐旅服務精神

　　服務精神是股無形的內在力量，能推動組織和人員前進或是後退，而情緒與精神則反映出個人的價值觀、態度和工作理念，足以影響員工之自我認知及對他人的看法，最後並使他們按照這種看法變成行動與工作效能。

　　日本人是強烈的依賴精神力量與無形之內力來自我要求的特殊民族，而服務精神一直是筆者對這個民族相當好奇的觀點。服務精神是一種態度，這種態度來自對人、對生命和對工作所秉持的價值觀和信念，致使一個人願意在服務別人的同時並對自己的工作感到驕傲。同樣是餐旅服務的工作，筆者對於在日本所受到的真心款待，始終難以忘懷與理解，是什麼樣的訓練與價值觀使得他們能夠如此視工作為神聖任務。身為一般顧客，我有著極高度的感動。相較於台灣的消費經

驗，我只能說，我們需要依靠更多know-how來教育我們的餐旅服務人員（以及潛在的從業人員）。在台灣，至少筆者沒有在用過餐之後，餐旅服務人員替自己叫了計程車，送客人上車之後，仍行著九十度大禮來目送客人離開的經驗。或是在百貨公司內欲購買一雙價值只有7,000日圓的鞋子時，讓服務人員跪著替自己穿上拋棄型的絲襪之後再協助試穿的購物經驗；更特別的是，當我試穿之後發現尺寸不對，又已經找不到適合的鞋子之後，售貨員依然非常不安的對我致歉。我當下無法理解是怎樣的文化環境背景，可以培養出這樣的服務品質與精神，整個的感覺絲毫不會讓人產生壓迫感，更不會自他們身上察覺出絲毫的卑屈感。

對筆者而言，「它」代表著一種付出，也就是他們除了能夠做好本分工作之外，還肯多做些細小的、無法量化的瑣事。除了滿足顧客的需求之外，還願意對他們付出體貼的心思與關懷，提供心理上的、情緒上的以及實質上的照顧。其實高品質的餐旅服務對於一般人來說，也許只需是一份打包得非常細心的外帶食物；或多詢問一個有關顧客消費權益的問題，如預定送貨時間能主動配合顧客；或考慮顧客之特殊身分（如身心障礙或特殊職業等），主動提供優惠；或能夠細心並詳細告知某些食物太鹹或太辣。幾乎每一個人都有不同程度的服務精神，只是高低不同。然而，多數人是順從的，很容易受到周圍所處環境影響的。有些人大部分時間都能感受到他們內心存有仁慈、慷慨和關心別人的想法，並且一直秉持著餐旅服務精神在工作。但是不可否認的，也有些人是比較不成熟的，無論如何也不願多付出一點。餐旅服務精神來自一個人對自我、工作和對其他人的感情回饋。如果你非常看重自己，你的價值觀裡也會存在著看重別人和重視他們的需求，並且你也渴望自己的工作變得有意義，那麼你應該習慣對別人伸出援手，協助他們滿足要求。餐旅服務精神是否表現出來雖然主宰著服務結果，但是從業人員就算無法秉持著餐旅服務精神，仍然可以完

外場員工的工作方式可以展現飯店的精神與專業

成餐旅服務工作，我們也可能無法多說些什麼加以苛責，更無法將之具體量化提出檢討，這就是一般服務人員之所以表現出不是那麼在乎服務精神的原因。基於此，經營管理者應該設法避免讓餐旅服務人員產生以上的想法。積極規劃出優良的績效管理方案，提供教育訓練，讓員工能正確適當的遵守管理規則，提振基層餐旅服務員工正面的自我期許，避免錯誤，在完成任務的同時並能追求自我的成長與專業生涯發展。

個案2-1

客運購票篇

時 間：2003年10月3日至10月4日

地 點：台北站、嘉義站

演出人物：立彥媽媽（因立彥持有身心障礙手冊而欲購買殘優票）、售票員

立彥媽媽表示：

「10月3日當天中午12:10，抵達台北站，用信用卡在購票櫃檯購買台北往嘉義12:30之殘優票二張」，櫃檯人員遞上申請簿希望我填寫。我在填寫之前遞上信用卡，並在填寫資料的同時詢問是否可以購買來回票，售票員回答一句：「可以啊！」，之後就沒有再抬起頭。看著她（售票員）非常不耐的態度，我自己思考著：買單程的也好，回程說不定可以搭其他種類的交通工具，會更方便呢！就這樣，我等了十五分鐘之後上車南返嘉義。10月4日中午1:18抵達嘉義站購票欲北上台北，一看1:30的車子已入站了，所以詢問購票員是否還有位子，她（售票員）回答說：「有啊，幾張？」，就在我出示身心障礙手冊之後，準備拿錢包出來購票之際，她說：「妳要填這個會來不及喔！」。我楞了一下回答：「不會啦，我填快一點就好。」。於是她用非常不情願的態度將申請簿交給了我，此時的我不希望因為她的惡劣態度而導致自己的心情受影響，所以我也就沒有再提及刷卡的事，直接拿出500元給她。而我們母子倆上車等了七、八分鐘之後，車子才開動，啟程北上。

本事件產生之專業問題：

售票員在處理旅客刷卡手續時，不願意針對旅客所提出之新要求，做出調整動作以滿足旅客之最大利益與需求。違背「殘障福利法」之政府立意，對旅客做出刁難之明顯表示，已傷及人權與基本的服務法則，非但不肯提供優惠服務，更試圖以僵化的作業程序阻礙旅客獲取權益，實在不當。請引用書中重點綱要針對以上問題定出合乎邏輯之解釋。主動告知與提醒顧客應有之消費權益與合乎條件之最佳利益，係所有服務從業人員應具有的專業認知。

第二節　社會環境的整體配合

一、以餐旅服務為導向的社會

　　資訊化的成熟社會帶動結合生產、銷售與提供餐旅服務的整體概念逐漸強化之際,「服務」這項無形商品的事業單位,以及從業人員數量均在急速成長中。服務觀念之發展成熟的情況,強烈到就連一般人觀念中的鐵飯碗族群——公務人員的工作也被公認是一種公職服務業。雖說支付薪水的單位是政府機關,但是一般人民才是真正的頭家,於是「公僕」的觀念展開。但是服務本身應該是彼此懷著感謝之心的互動行為,尤其是餐旅服務,大眾在餐飲消費的同時,應該都是歡喜的情緒與期待的。便利商店應該是現實社會中少數具有正面形象的商業交易據點,24小時全年無休的營業方式本身就發揮了安定的社會功能。深夜時,處處林立的便利商店內的燈光,提供過往行人一種溫馨的安全感,而商店主人無論營業額的多寡,都得承擔店的經營成本與負擔(如更多的員工薪水、保險費、營業費用等)。基於這個微妙的店主與顧客之依存關係,顧客應該心懷感激才是。

　　在歐美國家與日本經常可以看見一種情形,餐旅服務生在顧客進餐廳之時,會立刻送一杯水後再遞上菜單,傳遞出希望顧客安心休憩,慢慢點餐之意,此時的顧客一定會說一聲「謝謝」;一直到上菜、添茶水,甚至結帳之後,顧客都會一直表示謝意,服務人員也會回謝。這種情景乍聽之下似乎很奇怪,但其實是不會的,因為雙方的禮遇與善待將是使雙方都倍感愉快的根源,這種良性循環應該在進步的社會裡全力被推動。「花錢的是大爺」之觀念在進步的國家中是不

餐旅服務業希望傳遞更細膩的巧思

飯店客房內的設施越來越貼心

被認同的,但是顧客應該受重視的道理是放諸四海皆準的原理。它不應該片面的被解讀為顧客的無理要求也需被滿足。「己所不欲,勿施於人」的道理也可以適用在餐旅服務人員與顧客雙方,餐旅服務人員同時扮演著消費者與服務人員的雙重角色,應該思考如何設身處地的為顧客著想,自己不喜歡的態度就千萬不要用在顧客身上;當然顧客雖然是付費的一方,但也不可以恣意任性而為,對服務人員提出無理又苛刻的服務要求。

　　現在的社會是一個全面服務化的成熟社會，在餐旅服務產業中產品多元化隨著資訊發達的速度增快，同時企業內部也增加更多與服務有關的餐旅服務產品與工作（例如增加清潔人員、管理人員、服務人員和維修人員等），衍生出所謂的餐旅服務產業經濟化的發展趨勢。而對每個自然人而言，我們可以先檢視一下自己真正想要的服務需求究竟為何？是習慣以數量作為檢視服務品質的第一關，例如買披薩之前先確定是否有買大送大，或是在漢堡店是否有買什麼送什麼的優惠方案之後，再決定購買等；餐廳經理分配工作給服務生的時候，也是以座位數、顧客數量或桌次來作為執行管理工作的基礎。在這樣的整體社會需求背景之下，大家漸漸關心所謂的餐旅服務管理所代表的意涵究竟為何？過去的服務管理是以「物」的管理為重心，隨著製造業獨挑大樑的時代漸逝，現在的服務是各種活動之整合，更是多重產品與複合服務活動的多元結合，不再是單純的產品銷售而已。漸漸以質化的方式來探討服務品質，例如物件的材質與無形服務的感受等。結合服務產品、服務場所與服務傳送系統之作業網絡，是現在業者的最大考驗。

二、開發正確的服務觀念

　　人們消費餐旅服務產品的趨勢已然無可抵擋，而且市場越來越大。消費意識的逐漸改變，此種現象最大的特徵是消費者厭倦了業者總是強調「一分錢，一分貨」的市場行銷觀念。尤其在泡沫經濟衝擊之下，人們日漸意識到消費品質的重要，在嚴苛競爭環境之下也產生了重大變化，大家對消費的態度更趨慎重，同時開始做出更謹慎的選擇。但是所謂的選擇與比較並非指的是「低價就好」，而是指希望業者以真正優質的餐旅服務，來作為強化餐旅服務產品的誘因。無論是價格高低，消費者都希望價格與品質能讓人驚喜，能購買使人開心的

服務過程。景氣不好，並不表示顧客會將消費品質水準降低，而是會
將服務產品的預算降低，或是減少需求，並不會將已經建立起來的產
品品質認知與要求放棄，再回到古早經濟匱乏的時代。例如，今年年
菜市場因為消保官的盡責，使得本來花大錢購買工廠大量產製的年菜
顧客群，回流到了一般的餐廳消費，媒體的大量報導使得本來想投機
的業者得到教訓，大家一致希望業者應該設法以更低價的方式，提供
消費者同等於以往品質的產品，甚至為了吸引一些潛在的顧客，更應
該將品質提高，以創造更多的需求，刺激更多的買氣。當已開發國家
的人們已習慣於四、五星級的旅館消費時，每當景氣不佳，一般人多
半只會減少消費機會，卻不會因為預算減少，而降低對旅館品質或是
餐食品質的要求。

　　所謂「成本的相對報酬」與「合理的代價」之觀念，可以作為以
上現象之解釋。消費者付出的經濟代價必須能夠得到理想之服務與產
品回饋，如果兩者相等的話，將是提高顧客滿意度的最佳途徑。消費
者在購買東西的時候，除了會考慮自己的荷包之外，還會評估東西的

周邊備品的質感可以展現品牌優勢

價值。爲了面對這些以價值取向之消費者，業者必須直接面對消費者對於餐旅服務產品之種種要求，如餐旅服務更快、種類更多、產品更好、樣式更新穎等等。

第三節　服務承諾與實現之重要性

顧客的需求永遠是多元、難掌握的，有些是物質需求、有些是精神需求，更有些是複合式的需求。無論是以哪一種需求爲基礎的餐旅服務，都會透過事前的期望與事後的檢驗比對之後，才能得到滿意的評價。而作爲業者，經常爲了吸引更多的消費需求與市場，會試圖以更優異的餐旅服務承諾，來作爲吸引消費者的誘因，如優惠券、抵用卷、免運費、免包裝費、免服務費等方式。經營管理者若想要成功的達成永續經營的目標，就要努力實現所做的服務承諾，千萬別有「先把顧客吸引進來再說」的心態，否則結果會適得其反，變成負面行銷。相信知己知彼、將心比心，必能百戰百勝。事前瞭解顧客之需求型態是管理者的先修課程，以下將消費需求分成四類：

一、經濟「節約」需求

顧客的預算在有限的情況之下，往往希望消費時能擁有比預期更加划算的安排或感覺，所以他們會去一家一家比較價格、樣式與品質的組合。在現今不景氣的時刻裡，他們的要求只會更加苛刻，低價格品質的市場趨勢已成熟，餐旅服務業在面對這種顧客群的時候，則是建構組織之餐旅服務水準與等級的最佳時機，餐旅服務業一旦能夠滿足這類嚴格顧客的服務需求，對於其他類別的顧客也就無所恐懼了。而這種市場競爭的結果，也是業者感受警訊的最佳途徑。

二、心理「欲望」需求

　　餐旅服務業的範圍廣泛是社會的共識，故業者被要求具備擔負社會責任的趨勢是存在的，然而對業者存有這些要求的顧客究竟在意些什麼呢？無非是較高的道德與倫理之標準，他們一致希望業者能主動擔負更多的社會責任，主動積極的替社會大眾設想，例如在速食店內要求設置幼兒遊樂區，並安排專人照料；或是希望炸雞店能禁止使用反式脂肪，使用更低脂的食用油品、更健康的原料來烹製食物，簡化包裝方式或是強化環保意識與作為。現在的消費者通常會願意購買那些價錢較貴，但是社會評價或是形象高的品牌商品；反之，價格低廉但是社會評價差的商品，也較不受歡迎。像這類的顧客需求，如果不借助正確的觀念，專業的服務是無法得到心理需求層次的滿足，以飯店為例，除了住宿功能外，也在乎設計的風格與舒適度。

人們對於旅館的需求已經發展至心靈需求層次

三、人際「社會」需求

多數的成熟經濟體的居民都習慣在服務消費的機會裡，找尋更多人際接觸與滿足。在外用餐的經濟成本當然高於在家用餐，但是出外用餐的消費市場，卻是迅速成長的。餐旅服務場所是滿足社交需求的最佳場地，商人打高爾夫球、在郵輪上盛裝參加Party、年輕人結伴去看電影吃飯、舉家出外聚餐、生日壽宴、結婚宴會等等，生活中的例子四處可見。餐旅業者在規劃服務或是推出服務產品時，應當一一設想各種環節裡的顧客消費心情與心態，才能成功的滿足需求。

四、效率「便利」需求

現代人時間越來越不夠用是普遍問題，在「時間就是金錢」的壓力下，便捷的餐旅服務產品與消費經驗是這類族群追求的目標，他們

餐旅服務場所是滿足社交需求的最佳場地

總是希望透過付費的方式得到更具個性化的、更隱密的、更有效率的以及更無負擔的服務產品。例如新鮮年菜快遞、宅急便服務、到府外燴、專人送洗衣物與客房服務等等。

個案2-2

無菜單信任料理

坊間出現一些家庭式小型餐廳，以無菜單的服務方式隱身於巷弄之間，經營者通常自己就是廚師，來消費的顧客多半都是熟客，基於信任與客製化的互動結果，顧客會產生群聚效應，必須預約才能提供服務的經營方式，口耳相傳是基本的行銷模式。菜單的變化通常與季節及經營者取得貨源有關，有些餐廳甚至採取每人固定消費價格的方式來提供服務。

第四節　餐旅服務的過程

餐旅服務產品的銷售大部分須借重服務員的接觸方能完成，觀察第一線的服務人員之工作程序大致如下：

1. 進行準備：餐廳準備就緒後等待用餐顧客的光臨；旅館房務人員將房間準備就緒後方能接待住客提供住宿；旅館客務人員整理好資料等候住客抵達入住。
2. 發現可能購買之顧客：顧客經過餐廳受到「今日特餐」招牌之吸引，進入餐廳準備用餐；或是民眾經過電影院門口被電影廣告吸引後買票進入看電影等。
3. 預備接觸：當目標顧客群出現後，就開始規劃顧客所需之服務需求，一一變成管理之工作程序。例如大陸旅館為因應2008年

餐旅服務須具備細心、熱誠、合宜的禮儀與態度

北京奧運活動,以及2010年上海世博會可能湧進來之顧客所運
作的相關之專業準備;國內的國際觀光旅館為因應觀光局開放
大陸人民來台觀光所作之措施(如進行熱門觀光區整建、進行
星級旅館評鑑)等等。

4.正式接觸:與顧客直接接觸之初,以溫暖的問候語、熱切的眼
　神與細心的款待,熱誠的態度與合宜的禮儀可以使潛在的顧客
　留下良好的印象。

5.進行說明:說明的第一步是從掌握潛在顧客的注意力開始,吸
　引對方注意力後,設法提高顧客之服務需求,引起對方的關切
　與提問。透過整個說明的過程,對於表面的反對,以及不形於
　外的反抗採取因應之道,藉著慎重的態度與真誠的回應,來取
　得顧客的認同是基本的成功之道。

6.餐旅服務結束:順利成功的完成所有程序之前,應該清楚的讓
　顧客得知服務即將結束的訊息,並且自然的進入終結服務的狀
　態。例如一句「這是今天的最後一道菜,接下來將為您送上飯

個案2-3

用智慧贏得認同與信賴

　　曾經有個歐洲的專業領隊在某次帶團的過程中，有個非常特別的經歷。事情是這樣的，有個無理取鬧的旅客因為旺季的旅館房間安排不如自己原先的想像與要求，所以持續在飯店的櫃檯爭執不肯離去，而當天在客滿的情形下，領隊實在無法再另作安排了，就算肯另外付費，也無法調整。而這個旅客就在所有其他團員的面前把怒氣發在領隊的頭上，動手打了領隊一拳。此時的氣氛是非常緊張凝重的，但是這名資深又優秀的領隊發揮了最高的智慧與極致的修養，硬是忍了下來，並且耐心的說明與安撫。看在其他旅客的眼裡，都替領隊抱不平，此時所有旅客心中的任何其他要求頓時褪去消失，深怕自己也像這個旅客一般，被看成沒水準又無理的人。此時，領隊贏得其他旅客的認同與信賴，成功的化解了一次危機。後來無論再遇見任何麻煩問題，所有的團員都會站在領隊的立場，協助他解決問題，看在這名暴躁的顧客眼裡，只會更汗顏、更抱歉不安。危機就是轉機，在這個例子得到確實印證。

　　後甜點及飲料，不知今天的料理您吃得還滿意嗎？」之類的服務表示。

7. 售後服務：提供餐旅服務之後，必須確認是否完成一切原先承諾之事項，顧客經常會在不是非常確定的情形之下離開，往往在事後得知訊息後才加以評價，尤其是對初次購買或是消費的顧客而言，他們多半抱持一種不確定以及不信任的心情來看待即將進行的消費行為。所以，業者成功經營之道就是確實的掌握顧客消費後之心得如何？積極的進行調整、補救與改善。

個案2-4

積沙成塔的影響力不容忽視

　　2002年8月的一個下午，筆者因為急需用車，所以直接前往居住地附近的汽車經銷商購買一部1,500c.c.房車，因為係當天首次前往看車，並在銷售人員的簡單說明之下就直接下訂的顧客，相信該售車員一定覺得這個顧客相當容易應付，因此我在幾乎沒有得到任何優惠條件的情形下，完成了這個交易，心想著該廠牌汽車的市場形象一向是：價格硬、品質穩定。於是，我就簽了約，約定好三天後交車。當天，銷售人員非常積極的來到家裡取走了訂金。三天後，我依約到現場取車，但是該銷售人員在將要完成交車手續之時表示：「車上配備之免持聽筒電話的撥接線缺貨，所以恐怕得等一陣子之後才能交給我。」在無可奈何的情形之下，我只好把車子先開回家了。直到2008年10月間我換車了，仍未拿到該拿的撥接線，而那個信心滿滿的銷售人員一直沒再出現過。

　　雖然個人並沒有對此事做出任何申訴舉動，但是終其一生，我想都不會再跟這家車商買車了。一個簡單的個案或許沒什麼，但是積沙成塔的影響力是不容忽視的，如果業者的心態是根本不在乎這類小型案例所蓄積的負面評價與印象，日後如有任何重要危機出現時的後座力將等倍增加。

個案2-5

同理心的優質服務

　　租車公司的同仁在一次接機時，將客人送達預定的飯店住宿，而服務中心行李員一看到車子時立刻上前先幫客人開門，然後再到後面將後車廂打開，提取客人的行李，一直到車子開走後，顧客才表示他還有另外一個行李呢？

　　此時服務中心立刻連絡租車公司，將客人的行李送回飯店，並馬上向客人報告處理進度與現況，全力安撫客人情緒，配合顧客行程，請顧客先入住之後，並安排禮賓人員接手，提供客房服務，希望使客人忽略等候的焦慮感，成功的化解了因兩個服務銜接站忘了做確認動作而引起的危機。

個案2-6

體貼滿分的菜鳥行李員

　　我在8月的某一天假日，接到Bell櫃檯的通知，到某一層樓的大套房幫客人收取行李，二話不說馬上推著金光閃閃的行李車執行任務。到了門口按了門鈴，說著：「Bell Service」。客人開門讓我進來，一到房內，我才知道原來是一間結婚喜宴套房啊！心裡想著，行李一定很多，果然不出我所料，行李實在有夠重，而且又多，真是嚇死我了！

　　當行李收到一半，客人出了一道難題給我，我實在不知道該怎麼回答他，他說：「我這裡有一個魚缸，朋友送我的，請問哪裡有紙箱？」腦袋閃過一個地方——服務中心！這時我回答客人說：「我們服務中心或許有紙箱。」於是我打電話到總機請他們幫我轉電話到服務中心，但是電話一直都沒人接，我在那裡真是有夠尷尬的，所以我又請總機幫我轉到Bell櫃檯，問他們服務中心有沒有紙箱，Bell大哥說我們有提供紙箱給客人，但是要收費。當我跟客人說紙箱要收費時，我看見他面有難色。這時候他又問我另一個問題：「請問哪裡有塑膠袋？我想把魚裝在裡面，這樣就可以把水倒掉，魚缸就比較輕了！」於是我又開始想這塑膠袋要去哪裡弄來，但是這時候的我腦袋卻是一片空白，於是我又詢問總機小姐：「塑膠袋要去哪裡要啊？」總機小姐不但聲音甜美，腦筋更

是靈光，她說：「我幫你去問餐廳，可能會有。」等了一會兒，得知宴會廳有給客人打包的塑膠袋。哈哈哈！超開心的，於是我跟客人說我幫他去宴會廳拿裝魚的塑膠袋。

我飛快地跑到三樓宴會廳，跟宴會廳阿姨要了兩個大的塑膠袋，當我跟阿姨進去儲物間拿塑膠袋的時候，眼尖的我看到角落有一個紙箱，Size跟魚缸好像差不多，於是詢問阿姨可不可以把紙箱給我，她說：「可以呀！」呵呵！這下總算可以幫客人解決難題了。

當我拿著一個紙箱和兩個塑膠袋回到房間的時候，看到客人因為我的協助而解決了魚缸這個問題，臉上既高興又感激的表情時，自己也很滿足，感覺自己今天做了一件足以自豪的事。

服務業的情境與環境隨著時間、人與物件的多方變化而有不同的發展，專業又見同理心的服務人員總有靈感與契機可以解決窘況。

Chapter 3

餐旅服務環境之探討

★整體經濟環境之演進
★資訊服務與餐旅服務環境
★硬體設施與服務環境
★服務設計與服務管理

第一節　整體經濟環境之演進

一、經濟轉變對餐旅服務業的影響

由於經濟總是在顛峰與谷底之間擺來盪去，所有企業都必須對他們現有的產品或服務以合理價格滿足市場之需求，同時也必須為需求的不定時、不定量的增減做好萬全的準備。企業可支出之預算或是可處置之收入的增減、顧客的消費喜好、市場蕭條、通貨膨脹、利率高低、金融制度變化、失業率高低、石油價格、稅制變化與政治情況等都是最常見的經濟考量。個別企業或產業區隔的歷史資訊可以讓人看出經濟轉變所可能產生的影響。

在經濟蕭條或是通貨膨脹傷害到某些餐飲旅館服務業的同時，卻有些其他的同質單位因而受益。同樣的景氣不良所造成的消費市場之萎縮，讓某些業者覺得被消費者放棄了，可是卻也有人會覺得此時正是他們的服務品質可以得到絕佳證明的時候，正好可以將原本不是他們的顧客的消費者給爭取過來。例如以極優惠的條件爭取即將倒閉的俱樂部會員或是高爾夫球會員。

人類經濟社會型態之序列，依序為農業時代、工業時代進化到工商服務社會的時代。其轉換之速度由慢慢循序漸進到快速發展，人們開始重視餐旅服務價值之際，將購買層次由單純購買有形物品提升到購買多元化的服務產品。由於餐旅服務過程所創造出來的價值遠比生產活動所產生的價值為大，再加上經濟發展到某種程度，製造業經營彈性受限，能增加的產能有限，故整體經濟之成長必須靠餐旅服務業的成長來支撐。當餐旅服務業越來越走向資本密集及強調規模經濟之

時，全世界的資本波動會產生一個根本性利用模式的調整與資金出路
的變化。而餐旅服務業創造了大量的工作機會，吸收了大量從業人口
與勞力，對世界上的經濟結構有很大的幫助，是目前全世界的共識。
目前我們展望未來的發展，餐旅服務業的急速成長與市場占有率將說
明整個社會漸漸被物質享受的觀念全面席捲。但是工商服務社會似乎
也快速的進入一個貪婪又急需要反省的震盪年代，人類不再單以物質
的享受作為慾望滿足的基礎，而開始重視精神生活與心靈品質，重視
創意的環境與保護自然資源的生活態度。人與人、人與自然環境、人
與物的溝通將藉由資訊網路的急遽發展，變得快速、多元而複雜化。
整體餐旅服務環境是持續演進的，當大家都需要更舒適的用餐環境
時，餐旅服務業者就必須趕緊滿足這個市場之需要，否則是無法生存
發展的。

二、餐旅服務環境變動大的理由

(一)開業門檻低

　　無論資金數額或是開業條件限制都不高之現象，在餐旅服務業是
存在的，所以很容易吸引大量投資人紛紛加入市場，導致產生競爭白
熱化現象。

(二)市場脈動不規則

　　餐旅服務市場之需求是隨著時間與環境而改變的，市場的變化是
隨機的。餐旅服務產品的需求也是多元化與多層次的，從小小的泡沫
紅茶店到五星級的大飯店，顧客的需求也非常多元化，因此消費市場
之高度變動自然更難掌握了。

(三)缺乏掌握顧客忠誠度之環境

消費者當然是現實的，餐旅服務業更不例外，尤其是網路資訊的發達，消費資訊的傳遞速度超乎想像，消費者一次偶然成功的旅遊經驗並不會必然替旅行社帶來下一次的旅遊產品之購買；餐旅消費市場缺乏獨占性的事實，考驗著業者的韌性與適應度，也同時測試消費市場的溫感度。

(四)產品汰換快且競爭激烈

餐旅服務市場產品的創新速度之快，讓人咋舌，強勢競爭者（複製難度高的產品或服務）個案極少出現在餐旅服務產品之市場。而且在產品容易被抄襲的情形下，餐旅服務業要想保有獨占之優勢競爭力是很困難的。

(五)政經環境的影響

景氣與經濟環境的變遷是多變的，尤其是在餐旅服務領域，快速擴充的工作機會裡，所涵蓋的種類多元又繁雜，包括金融服務、保險代理、不動產仲介、零售業、醫療保健、教育、餐旅休閒服務與其他專業服務等。而餐旅服務業從業人員比例的迅速增加，反映在整個產業的分配之中。餐旅服務人員工作型態的改變，意味著人們生活方式、教育需求與組織類型也必然隨著改變，工業化所產生的需求是由半熟練的工人執行例行性的機械化工作，這些工人只需數週的時間即可訓練完成。社會、政治與經濟的環境變動，對於勞動者工作權利、投資環境的優劣與稅制的鬆緊度，都將直接衝擊到營運方式與就業市場。

(六)無形成本高

運輸成本或是其他周邊成本與費用，如人力訓練費、宣傳費、公關費、保險費等的增加，經常是餐旅服務產品難以掌控成本的因素之一。

第二節　資訊服務與餐旅服務環境

　　和所有的技術一樣，資訊技術的發達使得從前做不到的事情變得可能，其結果使得組織的效果和效率更加提升。所謂組織的效果性，就是組織達成組織目標的能力，如航空公司因為電腦資訊之暢通與廣達而能夠順利的達成服務世人的企業目標；特色餐廳則因網路資訊可以爭取到其他國家的饕客來品嚐；旅館因為網路訂房系統可以掌握到更多國際旅客投宿，以及擁有設備齊全且規劃得當的備品室，讓房務工作更加完備。以上這些實例就是以高效率資訊服務，實現對顧客提供高品質餐旅服務的實例。

　　資訊技術為餐旅服務活動帶來的廣泛助益，就是作業的效率提升與系統化。電子資訊的即時性、反覆性、數據利用的容易性，運用在很多地方都能確實提高作業的效率性。餐廳利用資訊設備來控制烹調時間與餐飲品質、掌控庫存狀況；旅館運用電腦來掌握訂房作業、與

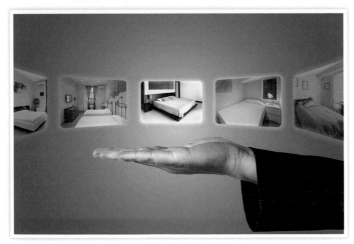

資訊技術的發達，提供顧客更高品質的餐旅服務

全球及時聯絡的訂房系統；旅行社運用電腦來幫助旅客規劃行程；遊樂園運用網路系統來提供遊客所有的旅遊資訊，以提升遊客的服務品質及效率等等，均是資訊技術廣泛而全面運用的結果。

 # 第三節　硬體設施與服務環境

對餐旅服務設施而言，即使有些差距也是很有影響力的。賣場裡的樓梯設計不良，不符合人體工學的話，將使走路的人感到不安與不適；走道的寬度如果太小會影響動線；大賣場的燈光如果不夠亮的話會使顧客感到害怕不安；圖書館內地板的材質如果不佳，製造了噪音的話會影響館內人員的使用。整體來說，環境設計可以變成業者與顧客溝通的環境管道，更可以是區隔產品地位的絕佳途徑。

一、硬體經營規劃

硬體的力量是大的，但是不可能無限制的被擴充，一個好的硬體規劃推出之後，很快就有更好、更新的競爭者會出現。所以只要在設計時把握住原始服務規劃之目標，無須為了日新月異的科技發展，陷入迷思，喪失自己經營之原則。重視質與量的搭配是基本要求，衡量顧客容納量之後再來設想硬體之需求量，才是成功之道。一般而言，餐旅服務的需求量變化極大，如餐廳總是在尖峰時刻大排長龍，平常時間卻門可羅雀。又如假日時電影院生意較好，平時顧客少。再加上產品無法以儲存的方式來調節供需變化，故餐旅服務業無法隨市場有效的調整可用資源，如旅館無法立刻加蓋房間、飛機座位不可亂加座位、餐廳不可能無限制的加開桌子等，所以常會存在著服務資源不敷使用及大量閒置等兩極現象。

二、外場布置

　　空間是決定餐旅服務容量的重要因素，但是空間必須能夠發揮最大的效用，作為提供服務的媒介，必須經過有效的規劃布置才能使用。

　　服務外場環境布置並非單指裝潢過程，同時也擔負了企業傳遞經營理念的責任，營造現場氣氛，或是提振買氣的行銷任務。

三、動線安排

　　動線是顧客與餐旅服務人員所必須共同經過的互動服務路徑，包含顧客經過的路線、服務觸及的場地、可看見與使用的設施與設備，包含了所有相關的人與物之組合的作業環境。

四、軟體管理

　　軟體管理係指餐旅服務的營運方式與所需使用的資訊軟體及相關技術。能夠妥善安排有效的專業軟體加入管理工作與環節，是必須面

外場的呈現可以借助自然環境的優勢也可以透過人為的設計

對的任務。例如員工的日常出勤考核管理資訊化、人力資源訓練檔案管理、進出貨品的資訊管控、存貨控管、顧客資料管理等等。

五、人性化的管理趨勢

賣場走道的方向、寬度與坡度會嚴重影響顧客的感受，廁所應該設置在什麼位置？應該占多大的空間？男女廁所之比例應為多少？空調品質如何提高感應度？所有設施的高度是否考慮到國人的平均身高？賣場是否設計了哺育室、育嬰室？賣場光線的控制是否專業？設備與設施的材質是否安全舒適？凡此種種都說明了過去不會被考慮的環境因子，現在變成一些必須認真顧慮之設計要素，現在已然變成餐旅服務業管理經營的發展趨勢了。

提供兒童遊憩區可以輔助父母照顧孩童，增加親子歡樂時光

個案3-1

外場環境布置的整體性

在板橋一家上海餐廳裡，筆者曾經歷一次特別的用餐經驗。該餐廳外場布置成舊上海古色古香的風格與氣氛，在餐食表現上也的確經營出別具風格之上海口感風味，但非常奇怪的是，化妝室竟然採用頗現代化的日式風格，而且在材質上也用很僵硬的素材來展現出現代設計師之風

格。像這樣的服務規劃環境是不搭調的，業主在從事規劃設計之初，也許沒想到兩者所產生之衝突感。而筆者在使用洗手台時，竟發覺每一個使用過化妝室之後的顧客，衣服都會被打濕，原因都是因為洗手台設計不良所致。雖然那是一個設計造型非常特別的化妝室，但是使用化妝室內的洗手台竟還需要一點特別技巧，這是有違餐旅服務經營管理法則的，不但浪費成本，而且只是徒增顧客的不安與工作人員的工作而已。

 ## 第四節　服務設計與服務管理

一、工欲善其事，必先利其器（規劃與設計）

(一)餐旅服務設計理念

　　毫無疑問地，餐旅服務之設計理念將直接影響服務作業之流暢性。設計必先於服務管理，所謂的設計，是一種想法與需求實現的規劃及實現過程。而餐旅服務設計，意謂著透過服務的程序將服務理念完成；雖然餐旅服務業具有無形的特質，但是多數的服務業都還是需要依靠有形的物質與物品之協助，以完成服務。成功的餐旅服務設計是經過一連串的市場探索與試驗而達成的。

　　顧客是怎樣看待所接受的餐旅服務？顧客原先期待的服務是什麼呢？是什麼因素使得業者必須改善呢？要怎麼改善才能符合未來之消費需求呢？基本上，我們確定一個服務一定比另一個服務要更好，但是具體的比較項目是哪些呢？是更美觀、後續服務更好、服務時間更短、更容易用（學）、更安全、更堅固、更好用、更穩定、更準確、

賣場的布置格調可以創造品牌價值

更便宜、試用時更容易（無門檻）。

　　餐旅服務設計與其他產品設計的原則是一樣的，都需要經過標準規格的測試，更須基於標準化的根本來加以考慮，如此一來整體服務才能迎合顧客之需求。設計之前需要考慮的因素太多了，而且各個因素之間的相互影響非常直接，顧此失彼的結果很可能導致失敗的結果。追求成功的設計首先必須考慮各種因素規格是否明確化，如此設計之後的產品才容易被執行。

　　保持彈性的空間規劃也是必須考慮的，因為業者與顧客都有可能需要調整各種不同之空間需求。如餐旅業者可能因為房東之要求而必須修改外觀或是更改設備，或是消費者因為觀念改變而要求業者提供垃圾分類之垃圾桶等情形，都有可能使得環境與設備需要作調整。一般餐旅業者基於投資報酬率之壓力，都希望能儘快地回收所作的投資，因此往往會在市場上的暢銷產品中找尋合適的產品直接加以模仿，希望儘快推出類似產品以瓜分現有之消費市場，雖然可以節省初期開發產品之時間與前期成本，但是服務不具特色卻是日後可能失敗

熱帶城市中無法避開的水體設計

之潛伏因子。

　　餐旅服務缺乏專利的保護是不爭的事實，與同業削價或是惡性競爭，都不是正確之行銷方法。眾所周知，「一窩蜂」的現象一直是台灣消費市場的缺憾，只要市場上推出受歡迎的成功產品，坊間必然立刻湧現出一大堆的競爭者，大家拚了命地搶爭既有之消費市場，而不是去創造任何一個新的市場。其中以葡式蛋塔、泡沫紅茶、巨蛋麵包等項目最具強烈說明性，行銷管理的目的都期望引起風潮，創造更多消費需求並提高營業額，為了達成經營目標，餐旅服務業者急需規劃設計出具有獨特風格之產品。雖然餐旅服務設計應該重視顧客的需求，但是加強功能與餐旅服務人員在作業時的順利，是服務設計的重點。設計出不同的服務方式以求有別於其他業者，以阻礙其他競爭者的跟進與模仿，才是解決之道。

(二)差異化設計之要點

　　簡單的說，能夠兼顧功能性、美觀性與創意的餐旅服務設計，可以

確保服務品質的持續。爲達成差異化設計之目的,在設計時應強調:

1. 服務的特色:設計的目的需要顧及服務產品想要表現的特色與風格,從包裝、運送、型態到產品內容都可以是表達特色的重要管道。

2. 服務產品之價格:設計之前當然要先考慮到成本與價格,低價格高品質的服務是一種共同的消費期望,但是不合常理的低價格或是不合理的高價格,都不受歡迎,低價格又兼顧合理的品質需求是業者與顧客共同監督的依據。

3. 服務品質:鞏固服務品質是必須依賴規劃良好的管理程序原則,如果在設計前就已經考慮了各種環節,將更可以掌握服務品質。

4. 產品形象:產品形象的建立是透過有效率的設計與管理途徑而成,產品的形象佳就容易創造消費者忠誠度。

5. 產品調整空間:餐旅服務不是單一的服務產品,所以它的彈性需求度勢必大於其他產品,在設計時應該考慮日後的調整空間與作業可能性。

行銷的手法千變萬化

(三)餐旅服務產品之內涵

　　餐旅服務設計時的差異可以從餐旅服務內容與服務目標上著眼，如服務產品是全年無休的話，那麼在設計服務環境時應該顧及的需求，自然應與非全年無休之服務的設計有所區隔。服務產品之內涵包含以下四部分：

1. 餐旅服務所需之用品：包含直接交給顧客的商品、服務過程中所需的材料與器具，以及服務進行時所需要的配件等。
2. 餐旅服務的空間與環境：為了順利進行服務工作，製造更好的服務氣氛，所需準備的相關設施、設備、環境與包裝方式。
3. 服務之外象：顧客可以直接感受到的服務態度與方式、服務人員之工作品質高低、有型設備設施的形象等，都是可以直接讓顧客感受到的。
4. 餐旅服務所提供之內在感受：顧客一般都以內心的感覺來評量服務產品之好壞，如服務人員的態度是否熱誠友善、整體專業能力的表現如何、服務人員道德品質表現如何等。

二、優異的軟體來自於完善的硬體建置

(一)餐旅服務管理系統

　　想要使經營服務持續並有發展性，任何組織都必須不斷地改善與調整做法，以提高外部適應與內部適應之品質。企業符合外部環境的市場需求，稱為「外部適應」，另外，可以應付組織內的各項任務要求，將資源做最合適的組合，稱為「內部適應」。更具體地說，供應顧客需求的服務商品，擬定符合目前經濟環境的活動策略，規劃以顧及環境或國際化問題為依據的營運方式等是屬於外部適應；內部適應

則是指以有效率的方式將人員、資金、資訊等各項資源加以組合，並擬定計畫，給予激勵內部的系統使其可以充分發揮能力，且能夠持續活動下去之動能。至於外部適應與內部適應必須完成什麼樣的要求，要看企業領導者的事業發展目標和組織經營措施而定。專業管理人員有時稱外部適應為行銷企劃，內部適應為組織管理。對任何餐旅企業而言，外部適應與內部適應一樣重要，必須從二者之中去尋求共通性與共識感。對於服務業來講，會比有形產品的生產情況更需要尋求二者之間的整合性。就有形產品之生產而言，如果內部適應的活動很穩定，那麼就算外部適應有些落後，企業依然能夠持續生存下去。就算無法生產出最尖端的產品，只要能按部就班按照過去既有的工作模式生產，維持員工的工作意願與品質、建全財務管理，企業仍然能夠繼續從事所有活動。但餐旅服務業的情況不同，因為其生產過程就幾乎等於餐旅服務活動本身，所以從原理上來說，外部適應必須先做好，否則內部適應本身很難獨撐大局。因為它有「生產與消費的同時性」及「與顧客共同生產」的產品特徵，所以受外部因素影響的顧客也同時參加內部的服務生產活動，特別是在激烈競爭環境下的市場，更為明顯。外部適應做得不好的事業體系，其活動方式常常不得要領，自以為是。因此，像行政服務這類獨占性事業營運，或因入行門檻高或是受到限制的業種，其內部適應都不太容易有進展，我們應該以更嚴格的標準去監視，否則的話，等於默認社會資源的無謂浪費。

從外部適應與內部適應兩方面的觀點，特別提出生產高品質服務的服務管理系統的架構（綱要）。這個架構告訴我們如何設計最合適的服務生產系統之外，還告訴我們要注意哪些要素，以及如何去組合這些要素。構成服務生產系統有五項要素，這五項要素並不各自發揮功能，它們是相互關聯，形成一個整體的體系，如下所列：

1.市場區隔：是指服務管理系統的目標顧客族群。區隔出目標市場之後的行銷策略，可以有效的訂出因應之執行計畫，以便於

市場中搶占目標顧客。

2.服務理念：是指所要提供給顧客的特定服務經營方式，它使服務之商品更專屬、更清晰的呈現，與顧客的需求應該是相對應的。

3.服務提供系統：這是比較生疏的用語，在英語裡，以delivery來表示提供服務的程序，因此，所謂的「服務提供系統」是指以人、物、技術等為媒介去提供餐旅服務的一個組織架構與網路。

4.商品形象：是指顧客、外部關係者（股東、進貨業者等）及從業人員等，對所屬企業及其服務本身所抱持的整體印象與企業觀點。

5.組織的理念與文化：引導整個服務生產活動的各項細節與作業、產品價位觀而言。

上述第一與第二項是屬於外部適應，第三項是內部適應，第四與第五項則為融合兩者的活動類別。確實去理解這五項系統的要點，並澈底地去檢討各要點的調整空間是非常重要的。已經開始活動的服務

百貨賣場耗資建構強烈風格的意象設施

業者可以利用這些做法清楚地分析問題點與機會點。而正準備開業投資的服務事業之企業，可藉此瞭解事前要檢討哪些要素，如何分配可以利用的資源與設備。

餐旅服務管理系統中的第一個要素「市場區隔」，關係到的是「要以哪些消費族群為服務目標」之決定。所謂目標顧客是指具有特定需求，這些需求會因透過業者提供的服務商品中而獲得滿足的群體而言。現在要以此一群體為對象去提供銷售服務，則必須先找尋出這些需求為何？方法有兩種：第一種是一般性的做法，稱為人口統計法；第二種是採取觀察訪談調查法。透過專業觀察與田野訪問的方式來加以評估顧客之需求範圍為何？人口統計法是依據年齡、性別、職業、教育水準、所得、家庭成員結構、居住地點等把人口分類，再從分類出來的群體中去找出他們的相同需求。

人口統計的數據有一個優點是資訊的內容很明確，很容易依據種類去蒐集，因此可利用來作為進行市場區隔時的基礎資料。但是要持續蒐集這類數據資料是很困難的、耗費成本的，必須另外去設計方法才行。也有綜合以上兩種方法同時進行分析之後，再加以歸納出行銷策略的。以下舉出的台灣某遊樂園的例子就是有效地蒐集相關統計數據，再加上問卷調查，檢討並調整經營策略之後，成功地利用在提供與行銷各項服務之上。

旅館進行行銷分析之後，做出調整以因應主要客群的需求，如增減房間備品數量與品質、變更房價組合包裝方式等。遊樂園中有許多的遊樂設施，但是總有一些設施是乏人問津的，空閒在那兒不但影響遊客心情，同時也浪費許多人事費用與操作成本。因此遊樂園公司透過以上資料加以調整所提供之服務設施項目，例如以更創新的遊樂設施替代不受歡迎的設施等，結果是設施調整得到成效，而遊客之相對滿意度也提升了。

對擁有芝加哥到紐約之間航線的航空公司而言，搭乘次數最多、

重複搭乘乘客最多、最能帶來利益的顧客層是商業人士。他們的共同需求是什麼呢？首先是班次要密集有效率；其次是時間必須掌握準確以利各種行程之安排；最後是搭乘時不必辦理太繁雜的手續。凡提供這條航線的航空公司都很瞭解這些需求，也都努力地在滿足這些需求。當然，組合旅行商品的服務內容也會因目標而改變。以坊間流行以體力充沛的學生為目標市場的（壯遊級）滑雪旅行團為例，什麼才是行程規劃之重點呢？首先是價位要便宜；其次是享受滑雪樂趣的時間要很多，所以在行程的安排上，有時會採用半夜出發，大清早即可抵達目的地開始滑雪，深夜再啟程回家的行程安排。要掌握心理統計資訊並沒有捷徑，雖然它是以人口統計的數據為基礎，但終究還是要深入去觀察人的行為，這是最重要的。把兩個不同的心理統計數據混淆在一起，在目標的設計上容易陷入迷思。

　　許多商品之市場評價是非常複雜的。例如在台灣南部的旅館商品之房價狀況，比起同為都會地區的台北、台中地區之房價相差三至四成之多，而且競爭非常激烈。說起來，高雄地區的旅館品質不亞於其他城市，而且房間面積較大些，但是房價始終反應不出整體的競爭條件。旅館經營之固定成本其實是相當高的，尤其是在景氣低迷、餐飲收入大不如前的今時今日，更為困難。所以當房價無法提升，而服務品質也必須保持在一定水準之上的話，旅館業者所要面對的經營壓力是可想而知的。所以，產品的價位似乎也透露了許多因應目標市場的需求之道。在這樣的低價狀況下，仍然必須尋找出競爭之道，因而目標市場的確認是旅館急需面對的勝負關鍵。因此，漫無目的的登報宣傳或是採取一般的手法來吸引住客，恐怕無法達到任何效率。餐旅行銷人員應該試圖透過專業管道招攬一些因為特別活動而前來的顧客，或是因為參加大型活動而來的旅客，例如舉辦頒獎活動、專業比賽活動（如高球賽、賽車、賽船等），爭取更多展示活動、大型宗教活動等等。以平實的房價可以換來高品質的住宿品質，讓這些旅客留下正

配合節慶推出各種相關促銷活動以增加獲利

面的整體消費印象。如果再配合更多的密集服務,如將酒廊的營業時間延長、增加餐食服務項目與內容、強化館內促銷活動、增加娛樂表演節目、配合節令加強環境氛圍、增加販售館內特殊商品(如紀念品與地方禮品特產)等,相信因此增加的附加價值足以填補低房價導致的獲利缺口。

消費者購買餐旅產品時,可能會因為價位之故,購買的數量與頻率不會過高,而業者希望提升營業額,就應該試圖製造顧客之未來消費力。營造鋪陳「雖然現在用不著,放著也許哪一天會派上用場,而且現在買有折扣」之心理所致,消費者在價差大或優惠夠的條件下,會願意事先購買。國內旅展的銷售成績一年比一年亮眼的原因,就是因為前述理由所致。基於此,餐旅服務業積極地以販售票券(voucher)的方式創造並蓄積當下或是未來之營業額,也算是現在經營的成功因素之一。餐旅服務的使用受到時間與空間的限制。須依賴特定的時候、必要的場所提供才能完成。因此,對餐旅服務事業而言,開設地點與服務營業時間之選擇遠重要於有形產品之經營。所

以，餐旅服務業在規劃設立地點與營業時間時，必須先準確掌握自己的目標顧客層。在學生和上班族很少的住宅區內開設Pub或是網路咖啡廳，在目前恐怕已不易成功。另一方面，在辦公大樓林立的商業區開設輕食簡餐廳，或是以外送服務為主的餐飲服務，生意多半興隆。

家庭式的咖啡餐廳在剛開店的時候，供應的食物都只是一些基本的料理，如漢堡、麵食類、咖哩飯類等。但是等到客人多，賺錢之後，菜單的內容在不知不覺之中也隨著店的擴大而出現變化，目的是為了因應各類不同顧客的需求。現在很多家庭式餐廳提供的菜色種類甚至多達一百至二百種。而為了處理這麼多的菜色，經費也會跟著增加，不過如果把菜色的品項與銷售額的關係做一分析，就會發現大部分的銷售額都集中在少數的品項上；另一方面，為了準備那些偶爾才有人點的菜，卻需耗費相當大的成本。這就是重點區分法則，也就是找尋出最受歡迎的20%產品，加以專心處理，鞏固銷售的管道，務必讓這些商品順利售出，而其他80%的商品則控制數量的產出。根據計算結果顯示，大約有80%的利潤來自於20%的商品。如此一來，降低成本之後的經營勢必帶來更多利潤及顧客滿意度。如果能做好適切的市場區隔就能解決這種經營障礙。換句話說，就是去找出創造80%利潤的20%顧客之所在。這些不是偶爾來光顧或消費額（客單價）不穩定的客人，而是那些經常來光顧的老顧客所購買的商品範圍，這些資料就是經營重點所在，知道了老顧客所購買的產品範圍後，就可以適度的調整銷售商品項目的比例了。

事實上，老顧客並非一直吃同樣的料理。這次吃漢堡，下次可能選擇烤薑汁肉片飯或是咖哩飯。但很少人會在沒有判斷依據的情形下，隨意亂點，任何東西都吃吃看，他們的選擇多半有一定的傾向，如有人愛吃辣、不吃麵、愛起司、怕吃胡蘿蔔、不愛洋蔥等。所以，如果餐廳能依照以上選擇的幅度去準備菜色，就能滿足目標客層的多種需求。餐廳的最基本服務就是提供顧客想吃、愛吃的東西，而適切

的市場區隔可以協助找出顧客想吃的東西之範圍，對買賣雙方均有益。

(二)服務管理體制之組成要素

　　服務管理體制的第一個要素是服務的理念。配合顧客的需求，設法去滿足這些需求的服務內容就是正確的服務理念。日本各地的車站常可看到很多站著吃的拉麵店，這些店的服務理念是什麼呢？很簡單，就是「迅速與便宜」。味道做得好不好不見得很重要，因為它主要的對象是那些為了趕地鐵而沒有時間吃東西，急著趕出門上班、上學的族群。換句話說，顧客的需求正是服務的理念所在，而明確的找出特定之消費族群就是所謂的市場區隔，而服務的理念與市場區隔當然是必須密切對應的。

　　關於服務的理念與市場區隔的案例，迪士尼樂園的創業有一則很有趣的故事，當年華特·迪士尼自己是個非常寵愛孩子的人，每到假日時他會帶著兩個女兒到遊樂場所去玩，盡情地看著孩子們高興地坐著旋轉馬車或迴轉杯大聲嬉笑。有一天他突然想：「在遊樂場裡，難道大人就只能在一旁觀看或坐在長椅上等候？難道沒辦法建造一個大人也能一起玩的遊樂園嗎？」。愛作夢的華特先生終於完成了這個乍看之下非常難達成的夢想工程——華特迪士尼樂園。大人與小孩的需求層次顯然是不同的，但是另一方面，大人的內心深處依舊保有幼時的夢想與幻想，可謂童心未泯。因此，以神話為主題創造出來的高品質遊樂園，也同樣值得大人細細品味，這就是基本經營的理念。所以一座提供大人、小孩都得以享受的完美世界就是迪士尼樂園的服務方針。它把原先以小孩為主要範圍的市場區隔，擴大到所有年齡層次。

　　餐旅服務理念的內容是因應顧客的需求而產生，所以它的種類應該會很龐雜。但是如果就其共同的特徵來分類的話，可分為：(1)提供專業服務技術與能力；(2)整合所有相關資源以完成餐服體系。

　　第一項所謂的「提供專業服務技術與能力」，多半是指由服務的

迪士尼樂園是一個讓大人與小孩都能盡情享樂的世界

可愛與夢幻是一種童真的實現

提供者去代替顧客（個人或組織）進行活動，也就是一般說的「代客服務」的方式。例如餐廳外燴，提供到家裡做宴客的服務。

希望鞏固經營基礎，必須具備以下的三項條件才行（至少必須具備其中一項）：

1.所提供的服務結果必須比顧客自己進行的效果好。

2.價格必須合理有效率。

3.服務技術必須是顧客本身無法具備之能力。這類的服務必須證明自己所提供的服務比顧客自己動手的附加價值大。

第二個服務理念是透過「整合所有相關資源以完成餐服體系」創造過去所沒有的附加價值。即利用新的方法將過去既有的複數資源結合，提供顧客過去所沒有的服務。例如國外旅行的配套（package）旅行，如果把旅行社、航空公司、飯店、會議公司、餐飲業、休閒業及其他的各種資源加以組合，可以提供旅行者更方便、更便宜的旅遊。一般的旅行只是四處去參觀知名的觀光勝地而已，但是最近出現了加入新資源頗具特色的產品，例如短期學習型旅行，負責教育歐洲上流社會的子女，將其送到各國社交界體驗學習的一種機構，在瑞士等地常有這類機構，旅行團的參加者可以在此接受集中課程，學習上流社會的禮儀；另外也有至美食國度學習烹飪之旅、觀賞鯨魚的旅行團等也是同類型的新組合。

賞鯨旅遊是一種透過整合相關資源創造新附加價值的活動

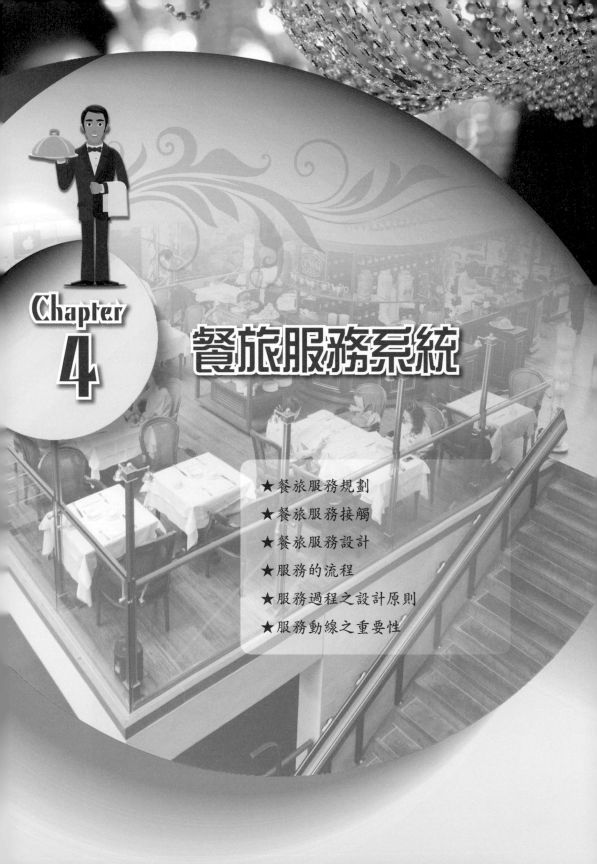

Chapter 4

餐旅服務系統

★ 餐旅服務規劃

★ 餐旅服務接觸

★ 餐旅服務設計

★ 服務的流程

★ 服務過程之設計原則

★ 服務動線之重要性

第一節　餐旅服務規劃

餐旅服務從粗糙漸漸走向精緻，從單純變成複雜，提供服務的過程裡，如何讓顧客感受到滿意的結果，餐旅業者必須提供一系列的活動。這一系列服務活動的組成就是餐旅服務系統，而餐旅服務系統的特性，以餐旅服務是一個作業系統為基礎分述之。

任何一個服務企業都可被視為一個作業（與表演）系統，該系統是由服務作業與服務傳送兩個子系統所組成；前者是指服務產品的投入要素被處理與製造的地方，而後者則是指上述這些要素組合完成之後傳送給顧客的過程。對顧客來說，這個系統中有些部分是顯而易見的，有些部分則是隱藏起來，顧客無法察覺到，偏偏這些部分有時會被視為其技術核心，對於上述的概念有些學者習慣以前場與後場來作為分類。

成就主人精心款待的心意是服務業的目標

一、餐旅服務作業系統

　　系統誠如表演一般，在餐旅服務作業系統中可見部分可以分為演員（即服務人員）以及舞台布景（實體的服務設施設備）；顧客對於服務產品的評價多建立在服務傳遞過程中，其真實的經歷及所知覺到的服務結果（也就是一齣戲的前場部分），而後場的部分雖然對企業很重要，但相對於顧客而言，意義仍不如外場為重。雖然後場作業對顧客來說不具有直接的影響，但若是在支援與輔助前場的任務上出了差錯，將會立刻影響到前場的表現，而直接降低顧客滿意度，例如餐廳的顧客可能會發現菜單上有些項目沒有供應，只因為後場人員忘了即時進貨，或是烹飪器具故障；或者顧客發現他們的食物煮得太焦了，只因為廚師烹煮時的火候沒控制好。

　　在餐旅服務作業系統中，顧客看得到的部分依據服務的本質可分為三個層次，即高度、中度與低度接觸。在高度接觸的服務中，像是

前場和後場人員須密切配合才能提供順暢的餐飲服務

航空旅遊、旅館業與高級餐飲業等，需要顧客親身參與其中，並牽連到顧客的個人實體部分；而中度接觸的服務，在服務傳送過程中與顧客所需的接觸程度就較前者為少，而且在服務作業系統中，可被看見的部分也較人員處理的服務為少，例如速食餐廳；在低度接觸的服務中，顧客與服務提供者的接觸程度大為減低，甚至不接觸，因為服務作業的大部分工作都是在後場完成的，前場部分只需透過郵件及電子媒介即可完成。

顧客也是服務系統的要素之一，但顧客並非完全是外部要素，它同時也是參與生產的內部要素之一。顧客參與服務的生產可分為「直接參與」與「間接參與」。「間接參與」是指顧客在現場發揮的影響：餐廳與旅館的氣氛與「等級」，決定使用者之認知與感受，而使用者的舉止也會對提供服務的場所之氣氛與形象造成影響。

二、餐旅服務傳送系統

餐旅服務傳送系統所涉及的是——在何處、何時以及如何將服務產品傳送到顧客手中。這個系統不僅包含了服務作業系統中可見的部分——實體設施與設備的支援、產品與現場服務人員，還牽涉到與其他顧客的接觸部分。不可見的部分就更多了，如後場的製備、行銷管理部門、資訊部門、財務會計作業等。傳統上，餐旅服務提供者與顧客間的互動關係應該是緊密的，但由於作業效率與顧客便利性兩項因素考量，忙碌的現代人們經常會去尋找不需要親自到場的服務，以便與服務組織接觸的機會逐漸減少。簡言之，當服務傳送系統改變以及服務從高接觸轉移為低接觸時，服務作業系統可見的部分便會自然縮減了。

藉由電子傳遞方式提供了比面對面接觸更大的便利性，自助式服務設備在各個地點都可以找得到，而且提供24小時全年服務，例如

自動販賣機、自動結帳機等。但是這樣的服務亦有潛在的缺點，因為顧客會發現從人員服務方式轉移到自助服務時，有時會令顧客手足無措。所以在執行這類改變時，需要透過一些資訊服務活動來告知顧客，並對於顧客所關注的事項給予積極的回應。

使用劇場來做類比，高接觸與低接觸服務傳遞的差別，就像是現場的舞台戲劇效果有別於收音機裡所展現的戲劇效果一樣。這是因為低接觸服務的顧客通常看不到進行準備工作的「工廠」，最多他們僅可以透過電話與服務提供者溝通，沒有建築物、家具，甚至連服務人員的樣貌都看不到，因此無法提供具體線索得知組織及其服務的品質。基於這些原因，顧客通常會依據電話是否容易打進去，以及電話中服務人員的聲音與回應態度來對服務做基礎評斷。當服務是透過電子產品來傳遞時，如自動櫃員機（ATM）、自動撥號的電腦等。廠商有時會利用給設備和機器取名、透過錄音帶來播送音樂，或在電腦螢幕上設計動畫等方式，來彌補與顧客之間缺乏接觸與互動所產生的距離，但事實上顧客並不見得會欣賞廠商的提案與創意。所以，現在有些公司在電話等候時間中讓顧客自行選擇音樂或靜音服務。並不是每一個人對於低接觸服務的趨勢都會感到舒適滿意，所以某些公司會提供顧客不同選項。以下的服務方式可以提供規劃不同程度的服務作為參考基礎：

1.親自到現場與服務人員進行交易。
2.使用電話進行交易。
3.使用電話語音服務進行交易。
4.經由網路進行全部交易。

對於服務設計與管理服務傳送系統的責任，傳統上是落在作業管理人員的身上，但其實服務行銷的需求也必須被考量，因為服務系統要能成功運作，對於顧客需求的瞭解程度將是相當關鍵的。此外，在

機場的旅客自動報到設備可免除櫃檯前大排長龍辦理登機手續之苦

服務的處理過程中，如在旅館、餐廳、機場、旅行社，消費者的行為必須小心的理解與處理，如此方能與組織的策略並行不悖，不會出現片面接受顧客抱怨，後端管理人員卻無法接續處理的情況。

三、餐旅服務行銷系統

　　其他有關廣告與銷售部門的溝通努力、專人的電話與信件服務、會計部門的帳單服務、與服務人員或設施的隨機接觸，以及以往顧客的口碑等，對於顧客在評估整體服務組織的觀感上也是具影響力的。此外，部門間或是產品內涵上的不一致亦會削弱組織在顧客眼中的可信度。不同形式的組織，服務行銷的範圍與結構可能有很大的不同，其中的落差也會影響顧客對於提供服務之組織的觀點，顧客只能由外部表象觀點來透視系統，而非從內部作業觀點進行觀察。管理者應該注意的是，顧客如何知覺到這個組織所呈現的作業結果，才使他們決定選擇這項服務，以及當顧客接受服務時，他們可能會接觸的每一

項有形要素與無形溝通要素（當然，在低度接觸的服務，其牽涉到的部分就較少）。這可以當作是對照組來幫助組織界定服務行銷系統的本質。服務行銷系統的輪廓，以航空公司、旅館、餐廳、速食店等來看，雖然顧客有時候與這些服務的接觸是隨機而非在交易過程中發生的。舉例來說，當顧客看到一輛屬於某一Pizza店的外送餐車猛按喇叭還闖紅燈；看見某家旅館的職員穿著旅館的制服到郵局，卻在窗口對郵局的辦事員無理咆哮，會造成什麼樣的企業印象？

探討服務系統時，必須先正視以下的作業特質：

(一)可視性和不可視性

不管是「物品」或「服務」，從過程來看，功能是看不見的，但結論上看，功能也可能呈現「可視性」；但這只是將功能的結果可視化，而不是功能本身的可視化，例如將服務的過程記錄下來。但是對他人的「愛」是人的功能，其仍是「不可視的」。可視化的第一個觀點是將服務「物化」或「量化」；可視化的第二個方法是從效用的觀點來看表現服務的功能。美國經濟成長最快速的部門，並不在於可視性的有形生產，而是在於不可視性無形的服務。消費者在無形服務的花費上，已經超過了總支出的50%；由此可知，不可視性服務的重要性，已經超過可視性的物品了。

(二)直接服務與間接服務

間接生產對服務而言，相關物品與物件介入了餐旅服務的過程，完成了更完整的結果。有形物品（或是商品）部分，對顧客直接達到的交易功能，進一步和無形的服務部分所發揮的功能相結合，就能產生專業服務。企業的服務系統包含服務作業系統與服務傳送系統；而服務系統的組成因子有三項：顧客、設備設施、資訊。我們可以瞭解服務作業系統中的製造系統，通常是從準備工作、服務傳送方式與服

務的時機、地點及服務對象有關。服務系統之功能，不但牽涉到服務設備與服務人員，而且經由服務過程傳送的產出，可以直接影響顧客的感受，顧客之間亦會因服務傳送而產生互動影響。

四、服務作業系統

(一)服務業現場作業標準之管理分類

管理服務業現場之作業標準，通常分為三種：

1. 物品標準：為了利於管理，對於物品的管理有規格大小、數量多寡、效能強弱、設計包裝方式等均應詳加規劃。
2. 作業標準：在管理作業流程方面，對於時間控制、時段切割、服務種類、先後順序、放置地點等均應仔細規劃。
3. 管理標準：流程規劃、人員調度、操作監控、事後檢討、調整機制等應避免服務有先入為主的觀念，宜設有彈性。

規劃作業系統時必須考慮各種物品之標準

(二)服務業現場作業標準之要求

至於如何遵守服務業現場作業標準，大致有下列三項要求：

1.公司或單位訂定的作業標準，必須事先充分告知操作的服務人員。
2.訂定作業標準，內容需易於操作與理解。
3.組織需要有激勵功能與提升制度。

(三)服務業現場作業標準之修訂時機

隨著內外在環境與時空的轉變，服務標準也需跟隨當時現況做修正，通常修訂時機發生在：

1.依據標準操作流程作業，卻產生不良狀況或結果時。
2.依據標準作業流程作業，但是未被全體相關人員共同遵守時。
3.標準作業本身出現錯誤與狀況時。
4.品質規格已經不符市場及操作需求時。

五、餐旅服務容量系統

在服務業中，服務是提供現有設施設備、空間與人力之使用權（所有設施、空間與人力資源運用統稱服務容納量），因為服務是不可儲存的，服務的提供與使用幾乎是同時發生的，故業界常以服務系統的最大容納量作為服務資源需求規劃之基礎。如規劃一千間客房之旅館容量，在考慮住房率之後，就應該同時考慮設備、資源與人力，甚至營運規劃的條件。

服務業的資源規劃有以下兩種方式：

1.以服務效率為基礎：以訂房率（餐廳預約單）為基準來作為處

理的依據，維持服務效率作爲資源需求之規劃基礎，需要多少
人員上班，以及需要多少的物資（設備備品）支應。

2.以服務容量爲基礎：大部分的服務業，如旅館、餐廳、航空
公司空中服務，由於主要的服務是提供空間、時間或是餐食
的複合服務，本質是具有異質性的，顧客對服務的需求量不一
（旅客住房天數不一、機內旅客喜好雞鴨魚肉或麵飯比例也不
一），同時餐旅服務經常是以全套的方式進行服務（空勤服
務），故我們常以提供服務容量的多寡（多少酒水、餐盒、餐
桌、餐椅、機位）作爲服務資源規劃的基礎。服務容量是各項
資源的加總生產函數，但是也受到所有服務品質、服務時間長
短，以及服務水準層次的影響。

(一)服務容量的層次説明

服務容量的層次必須先區分「最大服務容量」（即業者能夠提供
最大服務容納量）與「最佳服務容量」（即服務量與顧客需求量平衡
之容納量）。

一般服務業提供的服務容量，大多在最大與最佳服務量之間調
整。實務上，由於顧客進來的頻率不定，故服務容量不論設定在哪個
層次，都可能發生服務量閒置，或顧客爆量而必須等候的情況。至於
該如何消除閒置容量呢？業者可用改變供給或改變需求策略因應。至
於如何消除顧客等候的情況，則可將服務系統重新設計，以降低顧客
因等候導致的不滿。

(二)服務容量計算應顧及的因素

服務容量的計算是一門相當模糊、抽象及困難的技術，因爲許多
投入的服務資源是無形的、無法量化的，如大廚的手藝與速度、公司
的整體規則、外場服務人員的經驗等。也因爲餐旅服務業的服務性質

餐廳賣場的容納量應該如何計算，考驗著業者與經理人的智慧

差異大，因而較難建立一套計算公式。

　　當業者決定要成立服務業時，會依該服務業所需資源向市場購買包含人員、設施、設備及物品等四種服務因素。業者之所以購買此四種服務因素，是因為各服務因素對於服務容量各有不同貢獻，如人員主要提供時間及技術容量因素，設施則提供時間與空間容量因素，最後再由時間、技術、空間與物品共同組合決定服務容量之大小。四種須顧及的服務因素詳細說明如下：

◆人員

　　餐旅服務業多半要依賴人力來提供服務，因此人員的數量多寡對服務容量的大小，具有決定性的影響。人員有專任、兼任、臨時聘僱等多種。為了提升服務品質，人員必須經由管理、領導、訓練及激勵等方式，來改善工作的效率，本質來看，人員主要提供的是時間、技術，但如果缺乏真誠的心意與態度，就算人員足夠也毫無意義。

◆設施

服務的進行經常是需要顧客的參與。因此服務地點的空間大小、設施數量與品質、設施布置、動線規劃等，都會影響服務的容量。相對於其他服務因素而言，餐旅服務設施的購置興建需要較長的時間才能完成，故立即調整的彈性很低。設施主要是提供時間和空間。

◆設備

由於自動化及電腦化技術的發展，原先要靠人員提供的服務，漸漸可以被設備代替。設備可以24小時運作，大大提高了服務的供應速度與數量。又因為設備是可以標準化與規格化的，如自動販賣機能夠提供24小時品質一致的服務，故具有高度調節的彈性與效能。設備的取得有相當多管道，如租借、購買、租賃等，其提供的主要服務則是時間與技術。

◆物品

服務相關用品在服務過程中扮演著關鍵媒合的角色，雖然金額不見得很大，但是一遇缺貨，則會對服務的進行造成困擾與障礙，對服

餐廳的容量與服務動線之間需妥善規劃

設備齊全規劃得當的備品室可以提高工作效率

務容量具有影響力，若餐廳因爲缺材料，也會引發外場的不安與顧客的不滿。

 第二節　餐旅服務接觸

一、服務接觸

　　服務接觸有兩個明顯的特徵，首先服務是一種過程或行爲經過，而不僅僅只是一個單一的事件或動作；其次在服務產生的過程中，顧客或多或少都有參與度。這兩個構面幫助我們瞭解服務接觸的概念，也就是「在某一段時間內顧客直接與服務產生之互動的內涵與細節」。因此除了深入瞭解服務接觸的本質會跟隨著顧客接觸的程度與方式而產生基礎的變化，同時我們可藉此建立起對應之行銷策略。

二、顧客接觸

製造業在產品製造時，幾乎是在完全控制的環境中進行，生產過程的設計完全在建立連續且有效的轉換中，此過程是在沒有顧客參與下，將資源投入轉換成服務產品，生產過程可以利用庫存來隔開顧客需求的變異，因此可以充分運作。

當顧客參與服務過程時，服務經理如何設計他們的服務作業以達到雙方需求的量？其方法是將服務傳送系統區分為高接觸與低接觸作業，低接觸（即後場）作業以工廠（或是中央倉儲）的方式運作，可以引進所有生產管理的觀念與自動化的科技來協助作業（現在許多宅配服務都屬此類）。這種將服務活動分類的方法，可以讓顧客產生對產品差異的認知，一類是透過高接觸服務達成顧客體驗高品質服務之目標，而另一類則透過大量前置作業處理（與顧客低接觸）以達到經濟規模。這種方法是否成功，端賴在服務過程中與顧客的接觸是否順利，以及將低接觸作業的技術中心進行專業分工的能力，在我們的服務過程分類法中，這種服務設計的方法似乎最適合應用到處理貨品的類別，如食品外送服務、洗衣外送服務、坐月子餐外送服務等。

顧客接觸的程度代表著顧客實質參與服務過程之比例，顧客接觸的程度可以用顧客出現在系統的時間占整個服務時間的百分比來表示。對於高接觸的服務，顧客決定需求的時間性與服務性的本質決定服務的型態，對於服務品質的認知程度取決於顧客的經驗。這類的顧客通常是對所購買的服務已經具備相當的認知與經驗，如打高爾夫球、參加養生旅遊活動、太空旅遊、高級郵輪之旅、住宿綠色旅館等；至於低接觸服務的部分，由於顧客幾乎不出現在服務現場，無法直接影響生產過程。

事實上，即使有些服務是屬於高接觸類別，它們還是可能將某些

作業封閉，而以工廠的方式進行，如旅館餐飲部到府外燴服務等。顧客接觸的程度在服務的傳遞系統中接觸程度爲何？在上述的四種服務因素分類中，我們知道顧客需要直接參與服務的需求其實是很低的，但在實務上，餐旅服務業可能會在服務的傳遞過程中，臨時選擇需要顧客較高參與程度的服務處理方式。爲了讓讀者更瞭解顧客經驗與服務接觸的概念，我們將服務的接觸程度分爲三類，以實際反映顧客與核心產品的相關行爲，這三種分類涵蓋了顧客享受核心服務時，參與服務傳遞系統的不同程度。

(一)高度接觸服務

「高度接觸服務」是指顧客必須在服務的傳送過程中，親自到達服務的現場，直接參與服務並與服務人員接觸。所有以「人」爲主的服務都屬於此類，顧客必須等待服務完成後才能離開服務場所，如餐飲服務、俱樂部運動、旅館住宿等。

餐飲服務、俱樂部運動、旅館住宿是典型的高度接觸服務模式

(二)中度接觸服務

「中度接觸服務」是顧客與服務提供者的接觸程度較低，顧客需出現在服務的場所，或由服務人員送達，或在約定的地方進行服務，但不需等到服務完成，與服務人員的接觸也較前者少。

這類服務通常與服務人員接觸的目的僅限於建立關係，面對面的說明問題、領取或放置需要被服務的物品，或是付清款項之類的簡單行為。在此分類中的服務還包括需要顧客與服務提供者接觸，或利用機器設備來進行簡單的自助服務，如乾洗店、速食店、汽車旅館等。

(三)低度接觸服務

「低度接觸服務」是顧客與服務提供者不需有實體上的接觸，高科技電子網路發達，使顧客可以透過簡易的操作來滿足顧客的需求。心理層面的處理（如影像聲音服務）與資訊處理（如預約、交易服務）多屬於此類。而有些物的處理服務可以被轉移到服務場所，或利用電子媒體來傳達服務的需求等，也都可歸屬在此類。

另外，許多高接觸服務也可能轉換為低接觸服務，例如顧客可以透過電話網路與餐廳、旅館、航空公司完成交易的需求，利用網路在家購物，只要有信用卡和宅配服務就搞定一切了，如訂購年菜、蛋糕、精品等。

(四)將高、中、低接觸作業分開

當服務系統被分成不同層次之接觸作業時，每個類別可以單獨設計以提升服務績效。

◆高接觸服務工作需要良好的專業能力

高接觸服務工作需要員工具備良好的公共關係、溝通技巧與精進的專業能力。

　　餐旅服務業通常由顧客來決定需求的時間性，因此服務工作內容與接觸層次並不確定。餐旅業的發展趨勢已經漸漸朝向「客製化」發展，一切的產品服務方式與質量將以顧客的個人需求作爲服務作業基礎。

◆中接觸服務工作需逐步降低接觸面

　　中接觸服務工作的特性是因應現代人自主性提高，在接受繁複周全的服務程序中，顧客同步受到的侷限與負擔也會增加，所以在顧客希望選擇性、自主性可以提高的同時，與服務人員的接觸頻律自然逐漸降低。

◆低接觸服務工作可完全與顧客接觸分開處理

　　低接觸服務工作實際上可與顧客接觸分開處理，這些後場作業可以採工廠的運作方式，以達到高產能、設備高利用率之目的。航空公司已經有效的、明確的將這種方法應用在作業之中，我們可以看到機場售票員與空服員穿著巴黎設計師所設計的美麗優雅的制服在航站裡走動，並參加有關專業服務的訓練課程，但卻很少看得到處理行李的工人，飛機的維修也是在廠棚內以工廠的方式運作，而這些後場工作人員同樣也都是受過非常嚴謹的專業訓練，才能合格的進入職場，穿著規定的制服通力合作完成航運服務的工作。

　　服務銷售機會與服務傳送之關聯，如果在設計服務工作內容時將資訊需求納入考慮，那麼普遍存在的觀點認爲，「服務業組織也是資訊處理系統的受惠者」。所以在此也可以將生產效率與銷售機會之間的關係，作爲服務傳送選項的考慮函數。我們不能做出只能選一種服務傳送選項的結論，爲了不排除某些市場區隔的可能性，多管道的服務也可以加以考慮，例如速食店有快速服務與一般服務兩種櫃檯；汽車旅館早已用自助式的服務在營運了，而大部分飯店除了全方位的服務之外，現在也開始推出半自助的櫃檯服務（在日本有部分飯店於check-out服務時，提供顧客自由辦理結帳手續）。多數的餐旅服務均

鐵力士山多國語言解說機　　　　　　　新天鵝堡入口處的入場資訊服務

餐旅業以更多的資訊設備提供便利性的服務

　　具有服務提供者與顧客互相接觸的特性，這種接觸都是發生在服務系統的環節中。

　　在人力資源日漸受重視的同時，服務人員與顧客之間的互動，經常是定義服務品質的基準。但是這種互動是短暫的，然而所有來消費的顧客都會有與許多服務提供者發生接觸的經驗，而每一次短暫又真實的接觸瞬間都左右著服務品質之良窳。舉例來說，一位預定搭乘飛機的旅客必然會經歷自訂位接觸開始的一系列服務歷程：從訂位專線的服務開始體驗航空公司的專業服務，之後到機場櫃檯check-in劃位，並且託運行李，前往候機室等候搭機時之服務、航站尋人登機之服務、飛行中的空中服務，抵達定點之後的提領行李、轉機服務，最後的里程累計，與後續訂位再確認服務等。而以上所提及的服務接觸點，全部皆由基層的服務人員來負責完成。

(五)強調第一線服務人員的重要性

　　服務的特性之一是顧客在服務過程中扮演參與者的角色，每一次真實的接觸瞬間包含了顧客與服務提供者的積極互動。提供服務組織

精心設計的櫃檯讓第一線接觸變得有趣

的管理者所關心的是經營的「獲效率」為前提，完成傳送服務的作業網絡，同時試圖維持價格競爭之優勢。

如何以最低的成本達成顧客最大的滿意度以及業主的獲利率，幾乎已經變成所有專業經理人的基本任務與職責。管理工作的內涵無論是在營利或是非營利事業之中，都有其基本的任務，就如同效率之於營利事業、效能之於非營利事業。營運預算的控制一致成為掌握高效率服務過程的必然途徑，他們傾向具體建立服務的員工規則與作業程序，來掌握他們在服務顧客時的自主性與授權程度，這些規則與程序同時也限制了服務提供的範圍與品質，其結果就是可能會產生不滿意的顧客與無奈的消費爭議。

服務組織與顧客之間彼此在「效率」與「滿意度」之間相互抗衡著，管理效率高的組織容易得到較高的滿意度。組織管理的優良、員工服務態度正確不容易出錯，顧客抱怨當然減少，滿意度提升。組織紀律與員工自主性始終一直彼此衝突著，員工如果無法訓練完備，依其自由意志來服務顧客，屆時服務品質與數量都會受到很大的挑戰。反之，經過優質訓練的服務人員，在與顧客直接接觸進行服務時，就算員工仍保有自主性，也不會損及服務品質與組織聲譽。

親切體貼的服務人員是最佳行銷管道

　　員工與顧客之間對於品質認知的差距，的確是一種難以逃避的障礙。如何縮短兩者之間的差距，也嚴厲的考驗著服務業的管理。以上之服務提供者、顧客與提供服務的作業系統，必須互相配合、不斷測試，方能產生正面的服務效能，輕忽任何一方的重要性，都將使服務程序瓦解而失去功能，變成組織的負債。一個令人滿意又有效率的服務接觸必須平衡以上三種元素的需要。當接洽的員工接受適當的訓練，且顧客在服務過程的期待與角色能有效的溝通與正確的認知，則可以提升組織效率來維持經營上的優勢與組織活力。

 第三節　餐旅服務設計

　　對顧客滿意度之經營而言，想要巧妙地提高餐旅服務業的滿意度，的確是不容易，因為服務工作或是服務產品本身還摻雜了許多其他作業因素在其中。服務設計的特質，在設法讓第一線的員工充分瞭

解服務設計之功能與效用，使其在操作後能有溝通意見的機會。專業體貼的服務設計人員，在規劃設計服務時，會使顧客在服務過程中不經意且自然地融入服務情境之中；儘量提供具有彈性的服務模式與服務環境；並會設法以科技資訊來代替昂貴的人工（例如電腦點菜、入帳、成本控制或是存貨管理等），以便節省人事費用。如果一種服務活動或是服務產品，在設計時未將顧客服務與顧客的需求納入考慮，想要提供傑出之服務品質絕無可能。但在現實的情況卻是經常不斷地出錯、故障，因為動線不佳而增加耗損成本；因維修後援不易而造成服務人員與顧客同時感到困擾與憤怒。

表面看來，設計與顧客服務並無明顯的關聯，消費者或顧客面對服務時，往往只想到滿意與否的簡單問題，並不會想到背後的原因。只希望在合理的代價下，能否得到細心妥善的服務？是否可以在期望的時間內，問題得到滿意的答覆？服務生是否在點菜後儘快地將菜餚送上來？百貨公司的服務人員能否正確的指示顧客方位與提供專業協助？服務人員是否應該試著轉換角色，站在消費者的一方，也以同樣的標準來要求呢？（所謂將心比心，更何況換個時空，服務人員也都同樣是消費者）所以關鍵角色應是在業者與服務環境的設計者身上。以經過規劃專業設計的服務環境來提供並完成所有服務作業，讓任何階段的服務人員，可以非常容易地進入正確的工作程序之中，應是很基本的作業工作。試想如果送餐與服務通道不順暢的話，將引發多麼困擾的結果。

不容否認的是，個人因素也可能會是影響整個服務品質的變數，但是在責備基層服務人員的錯誤之前，不妨先檢視服務設計是否得當，才能正視問題。

顧客的滿意需求必須在「功能」與「感受」之間取得平衡狀態才能行得通。因此，企業需採取一些手段，例如以銷售「營業時間、訂購方式與商品傳遞方式」為主的系統服務，如居家SPA服務、外燴服

務或是管家服務等，都是以銷售服務時間為基礎的服務模式。可是在
尚未設計出一套完整的服務內容之前，無疑地，必須面對因為疏忽而
造成錯誤之窘境。如要求顧客在取消訂單、接受等待或是接受效率較
差的待遇之間做選擇；為解決顧客較急切之需求而必須迫使顧客犧牲
其他次要之需求（如顏色、款式或尺寸等）。

個案4-1

事先的告知

　　花蓮知名的炸彈蔥餅非常受觀光客的喜愛，在美食節目與網路的推
波助瀾之下，常常大排長龍，業者以號次登記的方式來提供服務，基於
材料準備的質量限制，在固定時段內可以提供的量也有限，所以業者的
服務人員會採取明確告知顧客的方式，停止銷售，以免顧客空等半天之
後，才被告知銷售已完畢的情況。

　　以下提出設計整體服務需求應具備的因素，包括：組織的本質
與目的、作業空間充足、硬體設備的調整彈性、營業場地外觀、社區
（鄰里）支持度。

一、餐旅服務設計的前提因素

(一)組織的本質與目的

　　以規劃為上海風格之餐廳為例，在設計現場時就必須遵循原創
之整體概念去規劃，不應該違背當初設計之風格。又如本身是一家低
價位的飲料賣場，但在現場設計時卻使用了許多高貴又難以維修的材
料，如家具、地毯與布質沙發設備等，再加上設備本身的特殊設計造

http://www.inntelhotelsamsterdamzaandam.nl/en/Home.html

主題式的旅館設計充滿故事感

地標式的外觀是最佳行銷利器

成顧客的不理解，導致資源的耗費，這些都是必須避免的死角，所以規劃設計的周延性與合適性是絕對重要的。

(二)作業空間充足

　　許多服務業者在經營之初，基於資金與場地的限制，往往在開幕

後場作業空間應該顧及工作人員之作業便利性

時期只能顧及當時市場的需要，推出迎合當時所需之場地與設施之服務，一般在尚未確定是否繼續經營之前，是不會考慮到更大的空間以便後續擴充與發展之需。當服務提供與需求之間產生落差時，業者必須抉擇是否有擴大空間的必要性與可能性，以作為後續經營發展之基礎。

(三)硬體設備的調整彈性

　　某些硬體設備是無法隨意被調整或是更動的，如空間外觀、尺寸、位置與方位；某些專業用具如烹飪器具、裝潢或是生產設備是無法被轉換使用的；某些設備則是因當時的空間面積而設計出的特製設備，如果必須調整也很難轉換為他用，頓時都將成為垃圾。

(四)營業場地外觀

　　外觀的基本設計不能配合整體形象，就是難以解決的大問題，無論是空間上或是其他客觀條件的限制，都可能使得企業發展受限制。一棟已經無法再擴充的大樓或是土地，老舊的建築物如需重整，內裝

管線汰換及裝潢之外，還得加上拉皮的表面工程，除了投資金額增大之外，這些都存在有相當大的技術與法令障礙。

雅致的空間設計

清新明亮的空間設計

(五)社區（鄰里）支持度

　　所屬的社區是否能接受營業活動帶來的環境變化，當地的居民對於業者的接受度與看法，會直接影響到經營策略與活動方式。除了因為居民本身往往也是顧客之外，他們同時具有左右業者經營順利度的權利與能力。

　　都市裡的啤酒屋以及最近熱門興起的碳烤店在台北地區如雨後春筍開設之後，瞬時因為便宜又具有特色而聲名大噪，每日生意興隆的結果是遭受到鄰居的集體抗議，居民抗議治安敗壞、噪音、環境汙染、交通大亂等現象。最後就在警方、居民與各級單位的強力關注與介入之下，生意漸漸受到影響。在此要提醒所有想要開店做生意的讀者，做生意是有風險性的，任何一個不確定的因素都有可能影響到經營的運作與成敗。

綠意盎然的層次感讓旅館呈現幽雅的探索意念

二、餐旅服務作業環境設計原則

　　餐旅服務業在設計時未將顧客服務與需求納入考量，是不可能提供優良品質的服務。機具設備不斷地因設計不佳而故障，會使營運成本提高；設施維修困難又複雜，會使服務人員和顧客同感困擾。服務設計是指在一開始設計規劃時，就要讓第一線員工有參與表達意見的機會，同時也會讓顧客在服務過程中能有表達意見的途徑；漸漸的將會發展到以科技的力量來取代昂貴的人工，但依然可以維持優良品質的狀況。

招牌是服務設施的第一站

(一)設計前的組織探討與規劃概念

　　服務設計與顧客服務並無肉眼可以看見的客觀證據，消費者或顧客想到服務時，往往只想到「顧客是否滿意」這一類的問題，就是在合理的代價下，是否能得到細心、周到的服務？消費者通常只會認為與服務人員的服務行為有關。

　　服務生如果在你點菜後四十五分鐘還不能上菜，餐廳內領檯工作人員如果對各樓層宴客的內容與位置不清楚的話，也同樣會被認為是毫無專業的現象。他們或許會認為這是公司制度上的問題，但是任何顧客都知道服務人員的表現才是問題的所在。只有在極少數的情況中，問題癥結才不在員工，他們跟顧客一樣是受害者。服務人員既受制於「產品設計」影響，很難（或根本不可能）進行操作或是維修工作；又受制於管理制度的規範（如不能自行決定是否叫修或付費解決等），甚至連最能幹和最有心的員工，都無能做好顧客服務。服務過程中的瑕疵，不能只怪罪員工，規劃設計優質的服務程序是管理階層的責任。

精緻的菜餚滿足了顧客的味蕾

　　忽視產品設計對服務可能造成的影響，將使公司付出高昂的代價。最輕的損失是產品維修難度高，或根本無法進行維修服務，感到沮喪的顧客會從此將這間公司列爲拒絕往來戶。當投宿的旅館夏天時冷氣不冷，你還有意願再次冒險光顧嗎？披薩店的披薩因爲烤箱故障而使得送到家裡來的披薩根本不能吃，這樣的結果會使你願意繼續再購買嗎？服務系統或是產品設計未能考慮到立即維修的問題，是很不應該的，而這些問題與狀況都不是片面的外在品牌形象或是事後的作爲可以彌補的。

(二)消費導向的服務設計

　　服務設計企圖規劃出完美的專業服務產品以滿足顧客的期望，而且力求產品的質感與專業表現。在激烈競爭的市場中，設計者或是專業經理人也應積極的協助業者快速使服務商品化，並兼具低成本高效率的服務環境。服務設計是服務概念醞釀與實現的過程，將專業服務概念轉化成眞正符合顧客需要的可用產品。一家公司給顧客的第一印象，往往是該公司所提供的產品和服務是否規劃優良的成績檢測點，因此產品和服務的設計務必迎合顧客的需求與期望，顧客也期盼這些設計能夠經常更新，可以反映時尙與流行概念。由於產品上游服務設計，以及下游的服務操作之方便性，有著密切的關聯，因此服務設計要充分考量下游進行服務作業時的方便與否。

　　以下爲讀者說明實現消費導向的服務設計理念有哪些要素：

◆顧客觀點

　　站在顧客立場，當顧客一旦決定購買，不單只是在購買產品或服務，而是在購買預期的效益，以滿足心理的需求，這就是所謂的產品或服務的概念。旅客購買一張機票，預期的效益可能包含有形的產品如下：

1.整潔的客艙、舒適的座位及乾淨的洗手間。

2.種類多樣且足夠的各種書報雜誌。

3.賞心悅目的音樂、電影、電玩服務。

4.精緻多樣的美食、飲料、酒類服務。

5.多元豐富優惠的免稅商品購物服務。

◆無形的服務

除此之外，還要能夠提供無形的服務：

1.美麗大方、面帶微笑的專業空中服務人員。

2.無微不至又無壓力的貼心服務。

3.輕鬆自在的人際互動空間。

4.悠閒安靜的搭乘氛圍。

◆預期效益

由上可知預期效益是指將產品或服務的概念成功的傳送給顧客，因此在設計產品或服務時，必須確實瞭解顧客的預期效益，即對顧客心中的期待要有充分瞭解。由產品或服務要素構成的配套中，產品一般指的是有形體的實物，如餐食、物品；服務則泛指較為抽象的經驗，如用餐、住宿、旅遊經驗或搭機過程。基本上，人們所購買的大多數東西幾乎都是產品與服務的整體配套。例如：

小地方的用心設計更可表現出業者的體貼與細心

1.服務產品包裝與使用簡易程度。

2.服務購買的程序與透明公平度。

3.售後服務與支援服務的情況。

每個程序可以再分成很多較小的子程序。以餐廳爲例，包括好幾個作業程序：

1.廚房規劃與食物烹飪方式。

2.材料調度、配置、分配和供給。

3.餐廳外場的服務進行方式。

◆作業流程

接著，每個過程規劃成更小的工作程序，像餐廳營業場所的服務程序可再細分爲「招呼」、「帶位」、「點菜」、「上菜」、「服務」、「買單」等作業。這些服務設計的分類都是根據服務人員與顧客開始互動到互動結束的各接觸點、順序排列設計而成。服務系統必須是無障礙的、容易被辨識的、輕易就可被學習使用的，以及可以被業者與服務人員確實掌握的。

◆服務系統

服務系統是顧客與服務人員之間的重要橋樑。這是一個清晰而重要的概念，而且是必須被重視的。唯有如此，餐旅服務業方有可能繼續成長，確保服務品質與創造企業利潤。發展服務系統來自於服務的需求，而服務的需求源於顧客的需求，顧客的需求又受到過去經驗、朋友推薦以及市場影響力所左右，當顧客的需求出現，業者因應需求所提供的服務產品，就自然地形成了所謂的市場服務系統。

服務人員應具備基本功

某個郵局在下班之際突然電腦當機，此時還有一堆仍在排隊等待被服務的客人，而就在緊急的時刻，有個工作人員跑進來說：「不知道哪個豬頭把會員卡當成提款卡，卡在提款機裡了，所以現在怎麼辦？」當下所有的人都愣住了，筆者立刻檢視是否是自己犯的錯？（會不會是他口中的豬頭啊！）後來心裡想著，像這樣的處境與待遇，實在是不應該發生在服務業。

事實上，使用者（顧客）對於機器與設備設施的使用不熟練，或對於機器之功能不清楚，都是很自然的，如果有誤差，責任也是在於業者設想不周到所造成的，不應該先責怪顧客，這是極為不正確的作為。非但使人覺得不安，更有壓力面的疑慮。顧客在消費的同時不應該有顧慮與擔憂，如果我們提供服務的前提是顧客必須先準備好很多能力與知識才能來消費，那麼服務需求量勢必減少，這個事實應該被業者重視。

按照以上之理念基礎，吾人在銷售服務產品時，就應該一一規劃出符合顧客要求之服務設施與環境。然而，服務必須以「人」為主，有一家速食咖啡專賣店在推出各種激勵措施與獎勵制度之後，竟然發現站在第一線之員工花了很多時間在等待那些自動化設備的固定運作程序一一完成，其間員工只能無奈地枯枯等待，因此就算獎勵的誘因再大，他們也無法達成預期的目標。這個制度非但無法達成獎勵員工的目的，反而造成主雇之間的溝通障礙，直接造成工作上的不協調。實際上，當顧客入店之後，就開始進入陪伴服務人員共同面對無聊的等待機器運轉的時間，這樣一來如何談得上提升服務品質與服務效率呢？所以服務設施與服務管理必須是密切搭配的服務管理組合，單是仰賴任何一種因素是不會成功的。

◆**服務設施**

　　對服務設施（service facility）而言，即使是些許的差異也是很重要的，而服務設計與服務環境的布置代表著服務套裝之整體設施。服務設計的優劣是可以直接影響服務作業的，服務之預先安排與規劃可以左右服務的成敗。一家沒有優良通風設備的餐廳可能會失掉很多顧客（例如不抽菸或是對於空氣敏感的人，尤其是有呼吸道疾病的人）；而一家健身中心如果備有殘障設施，將可以吸引更多的運動消費族群前來光顧；旅館提供無障礙設施可以為肢體障礙旅客帶來更多的便利性，正是說明以上理念之最佳實例。

　　事實上，在關心如何顧及服務品質之前，顧慮公共需求也是必須的措施。例如可提供顧客聚集、等候、休憩之公用場所，更充足的女廁數量、家庭親子休憩場地，以及專業的導覽設施、考慮人體功能之使用器材、良好設計與細心的動線安排等，都迫切的等待解決。優質的硬體設計與環境布置能強化服務品質是無庸置疑的。讓顧客覺得很

提供無障礙設施可為行動不便的顧客帶來更多便利性

清楚的逃生出口指示及安全設備，讓顧客住得安心

舒服，並確定他們的安全（足夠的亮度、逃生出口及清楚的指示、危險設備安全使用說明等），甚至可以連帶的考慮到顧客的隱私權、安全感、用餐氣氛、人體功學與健康顧慮等。

三、重視等候管理與處理原則

成功的服務業必然會有讓顧客等候的情形發生，面對這個開心又讓人害怕的現象，業者必須謹慎處理，一個不小心，不但使得經營受損，更會因此失去顧客。以下針對服務進行時的等候現象加以探討，希望業者共同面對，預先設想並考慮周到，以減輕顧客因等候所造成之負面效應。

(一)管理等候線

一般用餐時間在速食店裡總有很多人在排隊，等候線的管理代表著不斷改善的過程。顧客在單一櫃檯前排隊，先點餐與付帳，然後櫃

等候線設計應該顧及服務人員作業需求

檯人員準備包裝顧客所點的食物，清點後並在櫃檯的另一端將食物拿給顧客，這是傳統的排隊方式。

　　由於顧客對單一等候線的緩慢總是不太滿意，現在許多店改採用殷勤的排隊方式，這種方式設有數個平行的服務櫃檯，顧客可以隨意選擇一條等候線排隊，此種排隊方式在尖峰時段較有彈性，但是卻比傳統的排隊方式來得有風險，因為很靠運氣，如果排到一個前面的顧客大量點餐的隊伍就慘了。因此，開始出現綜合以上兩種方式，採用所謂的複合性的排隊方式，這種方式又回到單一等候線，只不過櫃檯可以同時記錄六筆訂單，組合人員在櫃檯的另一端準備與分配食物。由於這種方式回到單一等候線，顧客以抵達的先後接受服務，因此可以保證公平性，同時顧客有足夠的時間來挑選食物，但不會延緩接受訂單的過程。速食店在降低顧客等候時間上的努力，代表著業者欲提供快速服務的趨勢。因此傳送速度（speed of delivery）可以視為市場上的勝敗關鍵。

　　一般高級的連鎖旅館，在商務樓層都設有（旅館中的旅館）提供商務客專屬的服務櫃檯，避免貴賓在樓下櫃檯等候入住或結帳時的排隊等候。除此之外，許多旅館會在貴賓停留的最後一個晚上，先行計算所有費用，並將帳單先送進貴賓的房間，或是以電視畫面傳輸資訊告知，以便節省貴賓退房的等候時間。

(二)等候系統

　　服務員不限定一次只服務一位顧客，以運輸系統為例，如公共汽車、捷運、郵輪、飛機、電梯是屬於大量的服務模式。服務可能包含一系列的等候線，或是更複雜的網狀等候線。舉例來說，在迪士尼樂園排隊搭乘Space Mountain時，首先要排隊，然後進入狹長的室內通道等候，最後以分次的方式搭乘。在任何服務系統，一旦需求超過服務能量時就會形成等候線，這是因為服務員太忙導致抵達的顧客無法立

即接受服務，這種現象會發生在抵達時間與服務時間無法搭配時。以下針對與等候相關的概念加以說明。

◆等候哲學

　　等候是每個人生活的一部分，它可能會耗費相當多時間。舉例來說，在典型的一天當中，我們可能要等候幾處紅綠燈、等候某個人回電話、等候餐點的送達、等候電梯，以及在超級市場等候結帳等。我們發現「等候」在人們日常生活中所扮演的重要角色。如人們為了要吃一份咖哩飯，可以在餐廳門口排隊等一個小時；為了要搭兩分鐘的雲霄飛車，必須排隊等候三個小時。

◆等候心理學

　　誠如前面所言，「等候」已成為是我們生活中的一部分，為什麼它占領我們那麼多的生活時段？而顧客面對等候時刻又有哪些心理因素，我們進一步探討：

　　其一，牽涉到顧客的期望與認知，如果顧客接受到比期望更好的服務，他會以快樂與滿意的心情離開，且服務品質會因相傳效果而被定位，亦即快樂的顧客會將這項好的服務告訴他的朋友。必須注意的是，相傳效果會從兩個極端各自發展，亦即也會有不好的名聲。

　　其二，顧客的第一印象會影響到後續的服務經驗，因此在顧客等候的當下，應盡量讓顧客於等候期間有著愉快的消費經驗，設法使等候變得可以容忍，甚至變得愉快且具生產力。

　　兼具創造性與競爭性的服務必須考慮下列各方面的等候心理學：

①害怕空白的感覺

　　人們不喜歡空白的時間，空白（或空虛）的時間令人有很不好的感覺，它使我們無法從事生產性的活動，經常讓我們覺得身心都不舒服，使我們覺得很無助、無奈，最糟糕的是，它似乎總是帶給顧客一種會永遠持續下去的不舒服感覺。改善的方式如下：

即便是開放等候區也可以充滿意境與新奇

1.積極以正面的方式填補顧客空白的時間，也許只需要幾張舒適
的椅子與新上漆的故事牆壁，使得等候環境變得活躍。例如：

(1)等候區域的家具與擺設會間接地影響到顧客等候的心情與知
覺；例如公車和鐵路車站內固定的狹長椅子並不利於遊客交
談；在歐洲很流行之行人道咖啡廳，利用輕便的、可移動的
桌椅來吸引人們的聚集，提供了優雅親近社交的機會。

(2)另一個情況，音樂錄音可能已占據停留於等候狀態的通話，服
務人員必須定時確認通話者還在線上。不過服務也經常可以
使等候時間轉變成愉快的，與其讓處於等候狀態的通話者聆
聽一些罐頭音樂，不如播放一段廣告，不過這種做法隱含一些
風險，因為有些人痛恨在這種情況下接受商業促銷行為。

(3)一般大樓在設計空間時會在電梯內安裝鏡子，有安裝鏡子的
旅館較少接到有關等候電梯太久的抱怨，鏡子可以讓顧客趁
機檢查自己的儀容，並可偷偷地觀察別人，藉以打發搭乘時
的枯燥時間。

2.以高級餐廳為例，等候用餐的顧客可以在附設的酒吧裡消耗時

間，如此一來，餐廳可以增加額外的銷售額；也可以在等候時，在開放的廚房邊觀賞廚師烹食，此舉可以刺激等候用餐者的食慾，每位用餐者可以愉快地等待接受帶位，並期待豐富的美食與服務，這種結果總比抱怨等候太久來得美好。

3.其他可以填補空白時間的方法，例如閱讀書報雜誌、觀賞電視節目、現場娛樂表演、海報、藝術品等；或是提供陪伴等候的孩子玩具或餅乾；或是提供一杯咖啡。可行的方法有賴管理者的想像與提供，其目的是要更有效地服務顧客，提升服務品質。

②都已經等那麼久了，現在放棄等於浪費之前等候的時間

有些措施只是要填補空白的時間，使顧客不會覺得等候很久；而有些注意力轉移可以為服務公司帶來輔助性的利益，快樂的顧客總是比不快樂的顧客更有商機。跟服務有關的轉移作業，例如拿菜單給等候用餐的人先瀏覽，可以傳遞服務即將開始的訊息，一個人焦慮的程度會因感知服務已經開始而明顯降低。事實上如果人們感覺服務已經開始，則他們較可以容忍後續的等候。

③隧道盡頭的亮光

在開始服務之前，顧客可能會存在著許多焦慮：他們是否把我忘

大排長龍時的怨氣可以採取機動服務的方式減緩，但不是聰明的方法

掉了？服務人員是否收到我的菜單？等候的隊伍似乎都不移動，我還
要等候多久啊？如果我跑去洗手間，是否會失去我在隊伍中的位置？
不管是否合理，焦慮可能是影響等候的最大因素。服務經理必須瞭解
這些焦慮，並且設法協助去除，採取的策略可能是安排一位員工去招
呼正在等候的顧客，並告知現在的進度，誠實的告訴顧客大概要等候
多久。使用標誌也可以達到告知的目的。舉例來說，當你在六福村排
隊等候搭乘火山歷險時，等候道旁邊的告示牌會告訴你大概要等多久
才會輪到。

④會不會只賣到我前面那一位

　　不確定性與狀況不清的等候會造成顧客的焦慮，而當顧客看到晚
來的人先接受服務時，會將不知道要等候多久的焦慮轉換成不公平的
憤怒，這會導致糾紛的發生，服務供應者與篡位（插隊）者均會成為顧
客指責的目標。為了避免破壞「先到先服務」（First Come First Served,
FCFS）的等候規則，我們可以採用：

1. 「預取號碼牌」的策略。舉例來說，當顧客走進小吃攤訂餐，
   他先取一個號碼牌，然後等候這個號碼被呼叫，而目前正被服
   務的號碼應該顯示出來，以便讓剛抵達的顧客知道要等多久。
   利用這種簡單的方法，管理者已經降低了顧客對於因為等候可
   能產生的不公平性之焦慮，這種方法的另外一個好處是它允許
   顧客在店內到處走動，如此可鼓勵衝動型的購物。這種方法雖
   然公平，但並不能完全免除焦慮，因為顧客必須保持警覺確認
   是否快輪到自己的號碼了。

2. 當有多個服務員時，支持FCFS服務的最簡單策略是採用單一等
   候線，高鐵與航空公司的售票與報到櫃檯大都採用這種技巧。
   抵達的顧客加入單一等候線的後面，排在等候線最前面的可由
   下一位有空的服務員來服務，由於越慢來的一定越慢接受服

務，因此可以去除不公平所引起的焦慮。通常這種能確保顧客在等候線上位置的方式，可以讓顧客放鬆心情，並享受與等候線上其他人交談的樂趣，值得注意的是這種同伴的關係，可以占據顧客空白的時間，使得等候時間顯得較短。

3. 有些服務則希望對特殊的顧客給予優先的處理，如航空公司給予頭等艙旅客專用的報到櫃檯，不過這種特殊的服務可能會激怒附近大排長龍的經濟艙顧客群。關心所有顧客的管理者應該衡量可能的狀況，以避免造成明顯的歧視印象，解決方法之一是將特殊線的位置與普通線的位置分開，以隱藏特殊顧客的處理。

⑤別處也有服務，誰願坐下來等

管理者所提供服務套裝的最重要部分之一，即是要留意顧客在等候過程中的需要，在等候期間承受到不必要之焦慮或憤怒的顧客，最有可能成為苛求的顧客，或將流失的顧客。當等候的時間與吃的滿足感並不對稱時，同時也是顧客群流失的時候（如排隊三小時之後買到的蔥油餅其口感不如預期中好吃）。

◆等候經濟學

等候經濟學的成本可以從兩個觀點來看：

1. 對一個公司而言，讓一位員工（內部顧客）等候的成本可以用虛耗勞力成本來計算。

2. 對外部顧客而言，等候的成本可轉成是消費成本，當然還另外包括厭煩、焦慮與其他心理上之痛苦成本。

在競爭的市場上，過長的等候會喪失銷售的機會，舉例來說，當我們開車去買漢堡時，如果看著隊伍排得太長時，就會轉向其他家。避免失掉銷售機會的策略之一，是讓抵達的顧客看不到等候線，以餐

廳為例,接待人員可以將顧客轉移到附設的酒吧,這種技巧可以額外增加餐廳的收入。

個案4-3

餐旅業應提供消費者毫無壓力的消費環境

　　一天夜晚,筆者與家人前往永康街巷子裡一家著名的以鄉土小吃聞名的飯店用餐,面對門庭若市的景況,我們一家人滿懷著期待進入餐館。在門口有兩位服務人員詢問:「請問幾位?麻煩您在這裡先點菜。」於是我們在門口看著門框四周的菜牌,站在門口努力地點著我們比較想吃而且可以接受的菜餚。但是因為剛剛在附近吃過下午的點心,所以我們並不打算點太多的菜。可是幫我們點菜的服務人員(看似老闆的樣子)一直積極的希望我們多點一些他介紹的菜色,在他極端不耐煩的臉色下,我們勉強接受了他建議的某些菜單,但是很顯然的他並不滿意我們的決定。

　　終於坐定之後,我們等候餐食送上來,以便好好享用一番。可是等了許久餐食卻一直沒動靜,而隔壁桌比我們晚來的客人,餐點卻比我們早送到。當我們開口問及餐點何時送來時,只見看似老闆的服務人員隨口敷衍一句:「好的,馬上來!」其實他連看都沒看就隨口回答我們的問題。當然,我們也只好繼續等等啦!

　　這個例子是許多在台灣的餐飲消費者都司空見慣的情形,但是這也是筆者在從事餐旅服務教育時,最強力宣導,企圖扭轉的錯誤觀念。提供毫無壓力的消費環境,是從事餐旅服務從業人員應該即刻實現的基本任務。無論消費金額多寡,都是我們的顧客,絕對不可以金額大小來決定服務順序與服務品質之等級。

　　例如迪士尼樂園要求旅客在園外先買票（一票玩到底），在那裡旅客無法觀察到內部的等候線；賭場通常將等候看秀的隊伍，安排在有安裝吃角子老虎機台的通道上，以隱藏等候線的長度，並可增加賭博的收入。消費者可被視為具有參與服務過程之潛力的資源。舉例來說，許多餐廳當你點菜之後，可以走到沙拉吧調配自己喜歡的沙拉，當你正在享受沙拉時，廚師也同時在為你準備主食。此時，你就在不知不覺、毫不無聊的狀態下，愉快的用餐消費完成。

　　預估管理等候線在速食業裡的重要性是存在的。排隊等待的行為攸關著顧客的人權與權利，一個等待付費之後進行消費行為的顧客，當然希望可以完全不用等待就得到所期待的服務或服務產品。「預約服務」就是用來消弭或是減輕顧客因為等候而產生不愉快的法寶，但是對於顧客密集消費的行業而言，「等待」的行為幾乎是無可避免的。所以速食業、娛樂事業等各方才會以較為謹慎的態度來重視它。但是一般比較精緻的服務業，如餐旅服務業的顧客對於漫長或是無法掌握的蛇行隊伍確實是難以接受的；因此，無論是否為顧客密集的服務業，預先估計顧客的等候線與等候時間，確實是應當加強的工作。有些速食服務業採取雙重型態的方式來因應顧客的需求，以傳統的隊伍方式來服務顧客，再加上彈性的處理；如在顛峰時刻加派人手在現場協助急需服務之顧客，預先提供服務，提供顧客不必下車就可購買之服務、提供事前預約服務（如摩斯漢堡提供的預約服務）、即刻取貨服務等，藉以強化顧客的消費信心，是這些服務業的根本目標。

◆等候線的服務網路

　　等候線指的是點、線、面組合而成的服務網絡。可能指的是一條簡單的排隊等候線，如在航空公司排候補機位等現象。等候線有許多的形式，一般具有不同的模式如：

　　1.服務員不限定一次只服務一個顧客：如捷運、電影院、電梯、

飛機、自助式餐飲是屬於大量服務的。

2.服務管道呈現多元現象：一般而言顧客會親自接近服務，但是某些特別因素也可能造成顧客無法或是不願意接近服務的時候，那麼業者就必須設法將服務傳送到顧客處。如到府外燴、餐食外送等服務。

3.服務路徑多且複雜：在任何系統之中，一旦需求超過服務能量時，就會形成等候線，這是因為服務人員面對需求量太大而無法立即提供服務，雙方對於服務發生的時間都賦予可變的特性。

「等候」的發生是生活中的一部分，買票要排隊、看病要先排隊掛號、過馬路要等紅綠燈、等捷運／公車／火車、上下樓等電梯，以及在超商等候結帳等，都說明了生活細節中的等候行為，均不時地出現於日常的各種情境當中。等候是平民化的最佳說明，民主國家中，人人皆享有自由與平等的權利，在等候的行為中得到充分的說明。高職位、高收入或是身分特殊的人在那些必須等候排隊的場合中，是得

減少顧客久候之苦是業者須加強的工作

不到任何特殊待遇的。

減少顧客久候之苦的技巧有：

1.讓顧客有事做（如遊樂園於等候路線過程中播放影片）。

2.避免提前等待的時間（不提供預約服務）。

3.減少顧客心中的憂慮。

4.隨時讓顧客知道還需等待的長度。

5.告知客人等待的原因。

6.公平待遇（避免插隊）。

7.避免等待的時間超過服務的價值。

8.讓顧客集中等待，共同分擔等待之苦。

9.改善等候環境，如提供空調或加蓋遮陽設施。

四、餐旅服務布置

除了設施設計之外，服務傳送系統的布置（layout）對顧客消費與服務供應者的工作便利性也很重要。顧客在消費之後，不應該因為設計不良的設施與配備而感到憤怒或是不安，而不佳的服務布置所導致的時間浪費可能是很昂貴的，這意謂著服務員正在從事著沒有生產力的服務活動。試想，一個滿心期待與歡喜的顧客，愉快的開著車子準備進入飯店停車場內，但是卻無法順利找到車道入口，此時一開始期盼、躍雀的心情，就開始被破壞啃蝕了。又或者一個正要走進餐廳內參加喜宴的客人，一進門卻面對著很多家喜宴正同時舉行，讓人不但無法辨識場地與方向，更容易因而產生誤會與尷尬，這些小細節一一訴說著事前服務設計的重要性。

第四節　服務的流程

一、服務類型的處理

　　許多服務產品都是不同活動與形式的組合，包含核心產品及其他各種附屬性的服務要素，這些要素都可以用有關人的處理、物的處理、情緒感受的處理及資訊的處理四種類型分類出來。如旅客向航空公司預定機位（資訊的處理）、搭乘飛機到達另一地（人的處理）、在飛機上看電影（情緒感受的處理）、運送行李（物的處理），然而，其核心服務產品則為利用飛機來完成轉運的需求（人的處理），當然在服務的傳遞中也滿足了其他三項需求。

1. 人的處理：顧客在餐旅服務的傳遞過程中必須在現場接受服務享用產品。
2. 物的處理：顧客在服務的傳遞過程中毋須在場，但被服務的物品必須在場。
3. 情緒感受的處理：顧客在服務的傳遞過程中，無論是否在現場，服務可以用任何方式完成，而顧客在互動中的感受與體驗則是焦點。
4. 資訊的處理：顧客在服務的傳遞過程中，不需直接參與，也不需以有形的方式來完成服務，純粹以提供資訊的方式讓顧客接受服務（例如美國AAA的旅遊資訊服務網路）。

二、服務品質的監督

服務的流程包括服務銷售過程中的服務程序及專業技術之搭配，同時也關係著服務場所之內場與外場的彼此互動與溝通默契。如何使廚房工作人員與餐廳外場服務人員之間的工作聯繫性更清楚區分與和諧共處，始終是管理階層必須加強規劃的經營重點。它同時也提供顧客對商品需求能相互配合的基礎，如果事前想得夠周到，那麼顧客也能清楚的、自願的、方便的配合完成服務流程。而監督服務的品質則是維繫著這些服務系統的必要程序之一。

所謂服務的監督責任包含：(1)管理人員監督基層服務人員完成服務流程及消費程序；(2)顧客是否完整、順利的配合服務流程的相關要求。

台灣有許多傳統的業者在執行這項工作時，多半喜用親自督陣的方式來掌握服務品質，他們經常親自穿梭在賣場或是前場中，試圖與顧客打成一片，以期與顧客培養一些交情及默契，同時順便達到監督

內場與外場的互動與溝通默契影響服務品質的優劣

服務人員的工作態度與服務品質。他們這麼做的效果其實也不差，可是一旦經營規模面臨迅速擴增之後，就會逐漸呈現力不從心之窘境，進而無法顧及更多的分店或是分支機構的營運品質，接下來的經營窘狀勢必造成負面影響。

雖然服務的流程與商品的傳送過程有相當大的關聯性，然而時機的問題（timing problems）也是很重要的關鍵因素。時機指的是時間拿捏的準確性，以及顧客需要等待被服務的時間，或是整個服務過程所需的時間而言，如顧客下訂單的時機、需要加點菜餚的時機、想要結帳的時機、向顧客推薦新服務的時機、說明服務內容與產品特性的時機，或是提供相關資訊的時機等。

茲以某家人全家出外用餐，但出門前並未預定用餐地點為例，說明過程中所可能發生的服務流程：

1.搜尋餐廳種類與餐飲資訊。
2.進行預約動作。
3.前往途中確定之用餐地點與位置。
4.在停車場停妥車輛。
5.進入餐廳，接受帶位入座。
6.服務員服務茶水（或是加上冰、熱毛巾）。
7.服務員送上菜單。
8.點餐完畢。
9.順利享受餐點，並與服務人員溝通相處愉快。
10.用餐期間小孩去洗手間，大人整理服裝儀容，並告知準備結帳離開。
11.服務員送上正確帳單並加以解說，提供停車優惠與其他服務。
12.顧客付帳完成。
13.離開停車場並回程。

第五節　服務過程之設計原則

一、尋找可能出差錯的地方

　　首先弄清楚服務產品哪裡出錯，要特別注意顧客可能在哪種情況下，引發預料中的錯誤行為。服務人員在執行工作時，一旦發現顧客因為公司本身硬體設計或是軟體管理方法不佳，而身陷於某種容易錯誤的處境當中，在當時或是極短的時間裡恐怕是無法從事任何具有效率之措施加以彌補的。所以能否在事前先預設顧客可能出錯的情境與機率的話，服務系統則顯得有效率且更具人性化。

服務人員熟悉設備和器具放置的方式與地點有利於工作之執行

二、讓服務人員參與設計工作

　　為了彌補以上之缺點，使服務人員能確實的加入設計行列，將可以有效防止顧客因設計不足或是設計不良而造成之錯誤結果。如地面是否平整流暢、服務動線能否明確區隔服務人員與顧客雙方、設備與器具放置的方式與地點，以及空間規劃是否過寬或過窄等等。

三、尋求助力

　　尋得顧客的協助與有效的運用科技方法是相當必要的。高明的服務設計人員會儘量設法讓顧客高度參與服務的過程，雖然顧客服務的對象是自己，但是對於服務業者而言，顧客的高度參與即代表了業者經營規劃的策略成功。另外，對科技產品的角色越來越重要的今日來說，優質的硬體設備也變成相當重要的協助力量之一。如服務序號抽取器、咖啡自動供應器、濕紙巾自動供應器、KTV服務鈴、行李自動包裝機、自動點菜機、電腦化語音系統等等。

 ## 第六節　服務動線之重要性

　　想要在繁忙、急促的服務場所中，維持優質的營運狀況，必須先安排流暢的服務動線。所謂的服務動線指的是服務人員與顧客在完成服務程序期間所必須經過的路徑，所有的服務人員都需依靠設計周全的服務動線來進行服務的工作，方能成功的達成任務。服務動線一般是由數個小系統所組合起來，不會因為規模大小而有太大的區分，即各單位應自行確切掌握最佳的服務動線為要，而每個小系統都是一個

流暢的服務動線才能提供優質的服務品質

重要的工作關卡，如倉庫動線應規劃完備，才能順利進出貨物。

　　一般而言，服務場所中的分區部分皆各自有活動範圍，如飯店中數個餐廳、不同功能之櫃檯；如在賭城的超級大旅館中，單是結帳櫃檯就有十幾個；所以在營運之前必須先經營出一個順暢的服務系統後，方能相互結合成為整體的服務動線。尤其是內場如果設計不良，將會立刻影響到前場的作業順暢度，進而直接傷害到對顧客之服務工作。因此，只要任何一個環節出了狀況，組織無法均衡調適工作量的話，其結果會立刻影響到對顧客的服務品質。

　　例如在超級商店中因為走道被進貨之貨箱擋住了，而讓服務人員無法順利的取出顧客要求之貨物的話，是會讓顧客感到不耐煩的。有一回筆者在一家便利商店內苦等店員拿取放在倉庫內還來不及上架的貨品，等了十五分鐘之後打算離去，老闆竟然叫我不准走，因為他已

經叫人去拿了，要再等一下才會來。當下，我就在老闆的怒目之下走人了，我也可以想像他們在我背後的臉色會有多難看。這個案例告訴我們，便利快速的服務是可以具體表現的（讓客人很快地得到想要的商品）。而服務消失卻是無形的，便利商店之所以存在就是在於能夠滿足顧客希望得到便捷服務之要求，徒然讓客人空等之後還要顧客負責後果的那種莫名的壓力，真是不公平。

顧客流量也是影響整體服務動線之重要因素。在同一時間內，如果有大量的服務需求出現，必然會造成點單上的「擁塞」。除了必須同時進行的繁忙業務是造成服務動線無法因應的要因之外，其他如不切實際的排班表（如工作人員在最忙的時候交班、收銀員換發票與機器補充備料等）、設備機件的故障、物料不足、新進員工之專業技能不熟練，以及其他突發狀況等，都有可能造成服務動線的窒礙不順暢。

服務人員穿梭於服務動線上，是最可以掌控服務時機的人員。如利用服務工作檯作為與顧客接觸的各個相關據點的中繼站，並增加服務檯與顧客間的服務動線，例如擺放鮮花、糖果，以緩和顧客因無聊等待而產生之惡劣情緒；例如在櫃檯上放置主動告知公司之優惠措施之宣傳單或是折價方式，讓顧客可以因無聊之等待而得利。

以餐飲業為例，服務人員在同時間內服務五桌顧客時，就不該讓五桌同時點酒、同時點菜，或是同時上菜的情形發生。否則當五桌客人同時間進行相同服務需求時，對內場、對顧客而言，都會造成長時間的等待，必將影響服務與營運之進行，因此服務人員必須在與顧客接觸點上，找出服務的適當時機，並發展出對待顧客有效的服務流程，以下為與顧客的接觸點：

1.初次與顧客見面寒暄點，初步印象完成時：
　(1)顧客詢問服務時：問價格、問時間、問規格。
　(2)顧客下訂單時：確定數量、形式之後，確定購買。

(3)顧客詢價時：顧客多方詢價時，服務人員能否耐心的應答。

2.傳遞服務時：展開服務程序，建立管道與途徑，一直到完成服務。

3.更換服務商品時：消費者隨時都可能改變心意，欲更換商品或是服務方式。

4.徵詢服務品質時：一般服務完成之後，服務人員應主動詢問消費者使用後之心得，與追蹤售後之服務。

5.遞送帳單時：將計算好之帳單順利的、正確的送達顧客手中，並詢及是否需要外帶相關物品，或是需要停車優惠券等。

6.幫顧客結帳時：詢問顧客是否核對帳款無誤之後，再詢及付款方式，然後將帳單結帳。

7.找回零錢或是送回簽帳卡時：結帳過後，自出納處將簽帳卡或是零錢順利且即時的送回顧客處。

8.當顧客欲離開時：需思及顧客是否遺留衣物或其他物品，並指示引導出口方向或是停車樓層與電梯位置。

Chapter
5
餐旅服務品質

★ 餐旅品質定義

★ 餐旅服務品質控制之功能

★ 顧客滿意度

★ 服務業的品質與管理

★ 餐旅服務業的品質管理重點
   實施事項

★ 餐旅業服務品質檢測指標

第一節　餐旅品質定義

　　品質概念如同自然風暴一般出現在服務管理觀念之中，並被廣泛
的解釋成任何事情只要對公司形象或組織效益有利的活動均稱為品質
（楊德輝譯，1991）。換句話說，品質是正面的名詞，所有能對顧客
創造利益的措施與行動也都有助於組織提升品質，甚至很好的名聲、
優良之產品評價均有利於組織之品質提升。相信很多人都有類似的經
驗，慕名去買一堆食物，有大有小，拿回家後打開來吃時發現少了一
份，此時一般人都會認了，如果吃了滿意，可能下回再去買時也不記
得了。但是這樣的情形累積久了，會造成業者給人誠信的危機，消費
者如果不反應或是有反應時，業者方面的態度輕率不在意的話，可能
永遠也不知道服務管理上產生了什麼問題與危機。

　　在初期，品質是等同於無誤差就好，導致品質控制或是品質管理
自然發展成改善品質的必經途徑。性能與質量提升後，顧客對於品質
要求之想法也會逐漸發展開來。然而更全面的價格與品質相抗衡的時
代也將隨之而來，漸漸發展成全世界同步要求具有質感的經濟活動之
趨勢。品質控制得好就能減少組織作業錯誤與顧客抱怨，協助員工提
升產值與績效，順利達成企業之獲利目標。

　　「品質」的掌握已經是一種管理趨勢，經常被用來代表管理與
工作效率的綜合代名詞。而在科技發達急速的社會，品質更可以用來
表達組織文化，進步的國家中理當有進步的商業管理文化，文化包含
了一般的內心價值觀與普遍之行為特徵。而品質文化日漸被重視也
深受普羅大眾歡迎，一般生活在自由經濟體制之下的人們一致認為：
品質文化代表生活層面的差異，可以輕易地表達足以作為區隔的文化
特質，同時也積極的將品質文化以一種經濟的價值差異來加以說明之
（如品牌、商譽、風格與價位等）。

個案5-1

危機處理的錯誤應對

　　作者的先生某一天去新店很有名的一家麵店買一堆涼麵，有大有小再加上味噌湯，拿回家後打開來吃時發現其中兩包大份的涼麵變成小份的，而且當場確定金額是收大份的，先生氣著說下次再也不去買了，但是我不甘心，一個月後找機會再去光顧時我提及上回買涼麵時給錯了，店員竟然回答我：「錢不會算錯，一定收小份的，你放心。」店家這樣的態度令人無奈又氣惱，好像懷疑顧客是故意來找麻煩的，試問有誰這麼無聊，在事發一個月之後才去找麻煩，顧客既然願意再來消費即表示依然對產品有信心，可是店員這樣的服務態度，無疑是澈底的摧毀了消費者信心，就算東西真的很美味，我們都不敢再去消費，因為風險太大了。

　　這家店員無視顧客之需求與處境，建立顧客信任與支持本來就是店家的責任，從點餐後、確認點餐、打包到交貨中間的過程都應該一一確實執行，如果因為沒有做好而產生誤差的責任自然在業者這一方，店員的態度就是很蠻橫地將責任推給顧客，還理直氣壯的讓顧客無言以對，這樣的做法只會讓顧客退避三舍，很難再度光臨。

一、服務品質的定義

　　所謂服務品質，係指顧客對服務業所提供的服務產品與相關服務之整體表現，就其心目中所預期的標準，與實際體驗到的品質水準予以比較，綜合評估之結果。顧客對餐旅服務品質好壞之評價，端視顧客本身實際「體驗認知」與「期望品質」相較之後的結果而定。簡單的說，若顧客對服務產品之實際體驗結果高於預先期望之品質水準，將認為是優質服務，反之，則會認定為服務品質差勁。

服務品質＝服務產品體驗－顧客預先對整體品質之期望

以下僅以階段性之目標來說明服務品質的運作目標：

1. 品質是指某個企業為滿足其目標顧客群需求所選擇的作業模式而言。
2. 品質是絕對的、主觀認定的。
3. 即時做對事。
4. 「品質」就是第一次就做對，而且要一直如此。

(一)何謂品質

品質是指某個企業為滿足其目標顧客群需求所選擇的作業模式而言。品質同時也是測試企業營運是否符合其目標基準的一個度量尺度，品質反應著顧客消費的滿意程度，顧客對於你所提供的服務以及他們所真正感受的產品是什麼，才是能否致勝的關鍵點。一般而言，服務品質優良是指服務產品與服務活動能呈現的結果是正確的、高效能的、美好的。像是五星級旅館因為開始大量入住團體房客後，房價降低了，住房率提高，但是造成樓層吵雜紛亂髒亂；高級餐廳大幅降價以吸引顧客所造成現場髒亂不堪等負面現象是否出現將是品質觀察的重點。因此，檢測品質的指標順序就因應出現：

◆品質質疑時期

決定購買之前後時期，顧客會先尋求足以檢測品質之參考依據，如使用說明書、保證書、透過口頭詢問，或是在網路上尋求解答以整理出需要的相關資訊，作為評估品質的事前作業。

◆品質檢測時期

購買服務與相關產品之後，顧客隨即進入檢查與測試所購買商品與服務的階段。此時就是服務業者面臨最直接之品質考驗時期，顧客

是否可以獲得滿意的消費經驗，因而決定了將來繼續購買的可能性。消費者一般在購買服務產品之前，比購買之後要來得不安多了，購買前往往只能憑空想像商品的質量，也只能從簡介裡之內容，以及相關資訊與口頭宣傳來判斷。更多時候，消費者是以直覺或常識來作為判斷產品好壞之依據，隨著時代之進步，現代消費者漸漸瞭解以價格合理性、企業的知名度、企業形象定位與社會風評來作為消費前的客觀參考依據，較有意義。

◆ 品質依賴時期

經過了前一階段之消費經驗，如果滿意程度高的，顧客會自然的產生一種品牌依賴感，無論是對商品或是對服務本身，都會存在一種難以拒絕的信任與依賴的情緒。餐旅服務業的品牌依賴建立在與顧客互動之中，有形產品是需要時間來考驗的，但是對於無形之服務活動而言，現場的實際消費經驗才是決定品質的唯一階段，顧客的決定都很直接，不會隱瞞。所以這個時期正是餐旅服務業者積極掌握的關鍵時期。

(二)品質是絕對的

顧客是餐旅服務品質的唯一評判（評價）者。這個特點是無法逃避的現實，所有相關人員都必須注意。然而鞏固品質確實是可以藉著「消除錯誤」的處理方式來完成，接著必須減少錯誤發生以控制服務品質。而避免錯誤是最佳的管理態度，服務人員必須能在當場提供給顧客預期的滿意度，或是立即解決顧客難題，就可強化顧客所得到之服務品質。

(三)即時做對事

如不幸出現錯誤，能夠即時消除錯誤，就可以提升效率並降低服務成本，如此顧客就能得到基本的滿意。但只是改善錯誤，仍是不

夠的,不斷地處理抱怨或是度過危機都不是經營管理工作的正常現象,加上是否確實改善了服務品質,其實很難被判定。例如你正打算駕車出遠門,當然會先加滿油並檢查車況,不希望半路因為沒油了而急著找加油站或是在野外拋錨。所以凡事記得事先預防,就可以避免給自己帶來不必要的麻煩。很多人在日常生活中不見得會犯下如此的錯誤,但是在工作上卻經常發生。投資事業必然是件大事,經營成功是投資者的基本目標,能將困難事先排除,當然有助於經營管理之成功。

(四)永遠的要求

「品質」就是在進行第一次服務時就做對事,而且永遠都要做對。即時把握每一個關鍵時刻與工作程序,是致勝之道。一旦員工存有「這樣就好了!」、「應該可以了吧!」的心態,會是非常可怕的現象與經營陷阱。如果員工心中有「等下次有機會再試試看!」、

主管須建立員工正確的服務態度與觀念

「再說吧！」這種心態的話是很危險的。因為這種怠惰的心態對於服務業來說是無形的、潛伏的致命殺手。但是如何將「此時不做好，就永遠做不好！」的觀念建立在員工心中，或是融入工作要求中，是管理階層應該積極應對的課題。

二、餐旅服務品質的定義

餐旅服務業為了提升競爭力，爭取有限的客源，紛紛投入資源研發創新服務產品，創造優質的餐旅服務品質，期望滿足消費者之需求。一般來說，餐旅服務品質的概念敘述如下：「餐旅服務品質，係指顧客針對餐旅服務產業所提供的產品（成品）、服務環境以及服務傳送等三大層面，整體的評價，並與期望值做出比較。」

(一)產品（成品）

餐旅業所提供顧客的服務產品之品質是否優良、收費是否合理、種類是否得當、是否能提供顧客選擇的機會、能否滿足消費需求，這

精緻搭配的日式餐飲是典型的整體服務

些都是營運重點。餐旅服務產品係有形產品與無形服務的整體組合，例如顧客到餐廳消費，餐廳所提供的高級牛排餐並非顧客前來消費的唯一目的，還包括餐廳所提供的整體環境服務與用餐氣氛。

(二)服務環境

所謂「餐旅服務環境」，係指餐旅服務場所之地理位置是否適中，交通是否便捷，場所環境是否整潔、寧靜、安全、舒適，餐旅服務設施、設備是否完善，甚至整個環境氣氛是否高雅溫馨，均足以影響顧客之體驗與認知。

(三)服務傳送

所謂「服務傳送」，係指餐旅業提供餐旅服務之傳送過程。包括餐旅服務人員、餐旅服務產品生產銷售作業流程，以及餐旅組織相關系統等三方面，其中以站在第一線與顧客接觸的餐旅接待人員之服務品質最為重要。

第一線的工作人員是顧客評定餐旅服務品質優劣的關鍵因素之一

因為顧客對餐旅產品之體驗與感受認知，大部分是在他們與服務人員互動接觸的過程中形成的，因此，「服務消費接觸」或「互動過程」乃成為顧客評定餐旅服務品質優劣成敗的關鍵因素。如何在服務傳送過程中掌握關鍵時刻，給予顧客瞬間真實的服務感受，並將無形服務轉化為有形服務，留下服務的證據，藉以創造出餐旅服務業良好品牌形象，乃當今餐旅從業人員的重要使命。

個案5-2

令餐廳老闆驕傲的專利發明（設計）

韓國料理隨著韓劇《大長今》的成功，大舉加入國內餐飲市場的戰局，其中韓國烤肉店頗受矚目，但是吃韓國烤肉最讓人無奈的莫過於邊吃邊被煙燻的苦惱，也是消費者頗感無奈之處。就服務品質而言，五感中的嗅覺、視覺已嚴重被破壞，所以當業者針對烤肉時所存在的煙燻而發明了冷卻式專利烤爐，確實改善了用餐環境的空氣品質，不但烤肉時不再有煙燻，烤盤因為冷水管的設計也不再會燙到人，這樣的專利設計讓業者大受歡迎，加上食材品質頗優，因此雖然只在百貨公司內設點，但是依然打響知名度，可算是因改善服務環境而成功的例證之一。

三、餐旅服務品質評量的方法

優良的品質乃現代餐旅企業的經營命脈。如何提升餐旅產品服務品質，以確保企業的正面形象與評價，為當今餐旅業所努力的目標。茲就餐旅服務品質評量的方法，以及服務品質維護管理的模式，分述如下：

(一)可靠程度

所謂「可靠程度」，係指餐旅業組織及其提供服務之人員能否令顧客產生信賴感，並且能正確執行對顧客已承諾的事物，每次服務均能信守承諾，提供一致性之服務水準。這就是超商連國民便當都可以創造市場新高峰的理由，也就是可靠程度高，無論何時何處所購買的商品品質一致性很平均，能夠被期待。而失敗的範例如服務生來倒茶水時，因為弱不禁風而以顫抖的手在顧客面前服務，必然會引起不安。

(二)精確程度

所謂「精確程度」，係指餐旅服務人員的專業知識與工作能力值得信任，能順利迅速完成客人要求的事物，並且有能力為顧客解決相關的問題。餐飲服務之環境所有關聯之設備與設施都運作良好，可以順利完成服務。例如客房餐飲服務員能在接到客人點餐之後，三十分鐘內將所有餐具、菜餚以及各種調味料瓶罐，全數齊全無誤一次到位，使顧客對餐旅服務有信心。此外，餐旅服務人員的工作態度與禮貌均一致，具有高品質之服務水準。

(三)反應程度

所謂「反應程度」，係指餐旅組織及其服務人員均能積極對於顧客之需求，展現出能快速回應，不會虛應了事的情形；能主動熱心協助顧客，不會推託，對顧客之需求能提供迅速、專業、及時的服務與協助。例如旅館櫃檯替旅客辦理住宿手續，務必在五分鐘內完成，十分鐘內將顧客行李送達客房；餐廳人員對於尚未點餐或是不想點餐的顧客，依然立刻提供茶水服務。

(四)關切程度

所謂「關切程度」，就是將心比心的心情，係指餐旅服務組織及

具體有形之產品是顧客評量餐旅服務品質優劣的要素之一

其服務人員是否能提供顧客個別化、人性化之服務及體貼關懷，站在顧客立場為其設想，提供適時、適切的專業服務之意涵。

(五)具體程度

所謂「具體程度」，係指餐旅服務所提供給客人的具體有形之服務產品而言。例如完善的餐旅設施與設備、豪華舒適的客房、溫馨寧靜的用餐場所、精緻美食料理，以及餐旅服務人員的整體儀態等均屬之。

四、貫澈市場導向的觀念

所謂市場導向，就是「顧客至上」或「消費者中心」的觀念。必須澈底灌輸公司全體員工及產生共識，並遵循經營的準則。因此「站在顧客的立場來思考經營的方式」極為重要。同時，為了真正實現「顧客至上」，就必須正確地調查並分析顧客的需求，提高顧客滿意的服務。下面特別介紹一則具體實例來加以說明：

　　有一家外食連鎖店發現許多顧客菜吃不完，留在盤子上，於是徵詢顧客意見，原來顧客心裡最希望的是「這家餐廳提供的菜單如果可以選擇大小就好了」，於是根據上述要求，開發新商品項目，且一經推出，訂餐份數和營業額明顯上升。又如「增加份量超大杯」、「兒童餐／老人餐」、「點心／零食」這類專門為滿足特定年齡層顧客需求而設計的產品，皆可以算是「市場導向」的經營方式，其中凡是經過品質管控分析與執行的，便是品質管理。

五、貫澈「後工程即顧客」的觀念

　　餐旅服務業常發生如下述實例：

　　某飲食店午餐期間，常聽到客人抱怨「還不快上菜」、「他比我慢來，怎麼會先給他？」，這些就是典型「讓客人等待時間太久」、「不按順序提供服務」兩大服務業的禁忌（俗稱搓草）。究其原因係由於廚房和前場服務生協調指揮體系發生問題所致。如果透過廚房品質管控系統與服務生品質管控系統的攜手合作，跨出本位主義，便能解決這項難題，即借助品質管控系統克服企業經營上的困境，故誰都不能輕視品質管控系統對企業經營的貢獻。以廚房的觀點來看，服務生相當於他們的下游「後工程」，對服務生而言，後工程則是客人。我們引進製造業的工程觀念，照樣解釋得通，可見餐旅服務業也可實施品質管理。

六、工作現場的五大目標

　　為了達成品質控制的五大企業目標，餐旅服務業應該建立一套適合自己的管控體系，以下是五大目標的敘述。

(一)品質

　　品質即產品的品質、作業的品質與服務的品質。

◆產品的品質

　　以餐廳為例,產品的品質即菜餚的品質,不管任何時間來用餐都可享用相同味道、相同份量,且價格條件與服務方式都優於別家餐廳的程度。以旅館為例,則是回宿的房客(return guest)應該在每次住宿時都受到同樣的待遇(優惠措施),一樣的服務態度、同等的房間安排,聽覺、視覺、嗅覺、觸覺,甚至味覺都應該一致。以航空服務為例,訂票系統、購票優惠、機場服務、座位安排等的安排與細節,都應有一致性的表現。

◆作業的品質

　　在餐旅服務業中也應有一套作業標準(SOP),以提升服務品質。不過每一步驟有哪些應該注意的「訣竅」,要加上註明,並以專業訓練,才能使每一個員工都能很快地掌握到最微妙的「作業秘訣」與要求。

產品品質需達到一定的水準,價格與服務應具備競爭力

◆服務的品質

所謂優良的服務就是指顧客內心眞正滿意的整體消費過程。如果企業自認本身服務品質很優良，但若非來自於顧客「口碑」的肯定，還不能算是合格的品質。對餐廳而言，倘若菜餚口感佳，但是服務生作業時把客人點的菜弄錯、把送菜的優先順序搞反，讓顧客枯坐半天不見上菜，或總是忘了倒茶補水、服務員態度不誠懇、招呼不親切等，都直接關係著服務品質的表現。

個案5-3

混亂的餐食服務

一次與親友四人前往雲林某休閒旅館參加一泊二食的行程時，遇到一個實況，情形讓人很無奈。

晚餐包在房價裡的服務本來是讓人滿心期待，結果我們一到餐廳時卻發現現場有點失序，服務生讓我們坐在還未整理好的座位上，這還不打緊，直到上菜時我們的感受仍是相當混亂。我們吃的是中式桌菜，總共九菜一湯加水果，就在一片混亂中，服務生上完菜了，送上飯後水果。因為桌上沒菜牌，所以我們不清楚菜單為何，但就在我們吃完水果想要離開現場時，服務生突然送上來一道冷盤，告訴我們希望我們繼續坐下來用餐。如此混亂的餐食服務，真是令人不敢苟同呀！

(二)成本

以合理的產品價格、便宜的材料費、較少的人事費用、節約的營運費用來經營。過去曾經有段時間，我們把品質管理定義爲：「以最合理的價格，在顧客所期望的時間內，把所購買的產品，完美無缺地提供給顧客，並正確又順利的完成服務」。這些內容其實就是經營服

務事業的原貌，同時也是最能讓人瞭解經營和品質管理之間密切關係的一個定義。經營的各項要素當中，成本占極重要地位。「合理的價格」、「便宜的材料費」、「較少的人事費」、「節約的營運費用」的實現，在成本管理、利潤計畫方面，特別受到經營者的重視。

◆合理的價格

　　價格低廉並不意味品質和服務就可以稍差一點。所謂的價格低廉必須是在「品質優良的服務產品以及最佳的服務」前提下才有意義。

◆便宜的材料費

　　便宜的材料也是以優良的品質為前提，採購時當然是愈便宜愈好，但是「一分錢，一分貨」的道理大家都懂。如何以最佳採購時機、採購量、進貨方式與採購條件，獲取最好的材料品質，也是經營者致勝的關鍵課題之一。至於具體的做法，一般都會採取「以量制價」、「簽訂彈性合約」的方式來尋找更優秀的供應商，也可以長期合作的方式來保障物料、材料品質。

◆較少的人事費

　　餐旅服務業以兼職或工讀的方式提供人力支援經營的機會很普遍，近幾年來，工作人員學歷更是大幅的提升。不少家庭主婦或學生選擇適合自己的時段來排班工作，如在旅館、餐廳、速食店、KTV、便利商店或是遊樂園裡進用大量的兼職人員，可見一斑。就公司而言，可以支出較低的按時計酬工資與相關人事支出；就員工而言，自己挑方便的時間與社會接觸，獲取工作經驗、賺取收入，生活更寬裕；這是兩方面的互利共生，促使低工資、高服務的理想得以部分實現，而現實情況是不少兼職人員也可勝任高水準的工作。

◆節約的營運費用

　　節約經費所指並不是片面縮減預算，而是設法使賣場的營運開銷

相對於整體成果，縮減到較低的比例。控制「營業額」及「利潤」，「利潤率」使「經費」相對減少即可。但如果不積極努力爭取業績，「來客數」和「消費額」無法突破，這時候「善於運用經費而使經費比率下降」則是必要的管理手段。某家百貨公司，耗資千萬將整個內部重新裝潢之後，居然來客數猛增40％。這就是為什麼許多旅館營運十年左右，連鎖店三至五年時間就會整修改裝的理由。這個實例告訴我們經費用對地方，努力讓顧客滿意的結果，自然會產生來客數增加且業績提升的良性循環效果。

(三)時間管理

交貨時間、等待時間、供餐供貨時間、防止缺貨現象發生，對餐旅服務業而言，它具體代表的涵義則是以時間來考慮，如縮短讓顧客等候的時間；穩定的能源、材料供應；超市商品的不缺貨；快遞送貨的時間不耽誤。至於顧客滿意的檢驗指標，如「供應的時間」、「結帳櫃檯的等候時間」、「送達時間」等。某知名的速食店推出「套餐加一元送漢堡」的優惠措施爆紅，因人潮過多、備料不夠，招致抱怨，造成負面效果，就是因為低估來客人數所致。

(四)顧客安全

營造一個替顧客設想的環境設計，如清潔、舒適、方便等。專業的服務必須築基在安全與寧靜之上，方便顧客使用是設計服務環境的基本要求與原則，分項說明如下：

◆食物衛生安全方面

化學物質所造成的不安全，計有色素、農藥、化學肥料導致的不衛生，以及食品所含微生物導致的飲食危害、環境整潔不良造成食物衛生不佳等。我國衛生單位目前已針對食品的安全和衛生進行積極的管理。當然這龐大繁雜的工作網絡，也必須靠員工本身的心態和管理

規範才能發揮整體維護力量。

◆ **環境的衛生安全方面**

加強「通路走道的動線流暢」、「空調設備的設置與維護」、「照明設備的充足柔和」、「廁所的清潔品質」等管理制度與細節。

◆ **社會環境的安全方面**

如今全世界環保團體最關切的氟／氯氣體公害問題、清潔劑使用問題、幼兒的塑膠食器問題、農藥殘留問題等，餐旅服務業對這些牽涉到整個社會環境的問題絕不能忽視。業者有義務提供一個關懷環境問題的賣場和商品給消費大眾。因此用餐飲食安全問題也是餐旅服務業的重要課題，必須藉整體品質控制來努力達成。

(五)服務至上

提升餐旅從業員的職業道德與敬業概念，貫徹顧客至上的服務精神。職業倫理（道德）的基本出發點，就是改善人與人之間的互

提供顧客一個注重食品安全及衛生的優質環境

動關係，不只是依照SOP的要求去執行任務，而是「以真誠的心來服務」、「用心改善與顧客應對的態度」、「以溫煦的笑容來面對顧客」，這類的方式對餐旅服務業而言是最重要的基礎課題。待客基本用語如，「歡迎光臨」、「歡迎您再度光臨」、「是的」、「請」、「實在很抱歉」、「讓您久等了」、「謝謝」、「謝謝您的光臨」。待客（服務）禮節與態度的改善，不但是餐旅服務業最重要的法寶，同時也是提升業績的關鍵。企業必須確實掌握「市場導向」、「以客為尊」的理念，才是生存之道。過猶不及都不是好方法，有些業者似乎誤解了服務的本質；在服務的過程中不斷地希望立即以問卷或是口頭詢問的方式，獲知顧客是否滿意，如果不夠理想，就追根究柢的想要問出來，這類的舉動已經造成騷擾與壓力，當顧客愉快的消費之後，只因為說出負面的評價就被再三盤問，實在有討論的必要。

個案5-4

「以客為尊」的待客禮節

國內一家擁有多種品牌的連鎖餐廳，以規格化、標準化與專業化的營運方式，成功的攻占了消費者的市場，他們以中價位＋優於中價位的質與量的經營策略來迎戰同業，成績頗佳。

某日作者與家人選擇在其中一家店用餐，事先預約並於預約時間前十分鐘到了現場，一到餐廳門口，帶位的人員很快地帶我們到地下室的座位入座，由於座位的上方有很強的冷氣出風口，於是我請服務生幫我們調整座位，沒多久服務生回覆說座位已滿，我不相信，於是親自上樓確認，結果發現樓上餐廳中間最棒的區域完全沒有人，於是我問及：「樓下的位子很冷，我可以換到樓上嗎？」櫃檯說：「小姐，不好意思，樓上已經沒有位子了。」我質疑的問：「可是這邊的位子是空的啊！」櫃檯說：「那是給沒有預約的客人。」「那你的意思是我們不應

該先預約？先預約的是錯的囉？」我回覆道。櫃檯立刻態度一轉，說：「小姐，不好意思，你們這邊請。」就這樣我們可以在樓上用餐。

　　接下來因為漸漸客滿了，所以服務速度也慢了下來，吃到主食時，發現除了盤子是熱的之外，盤子裡的食物統統都是冷的，但是因為前面的事件使然，我也不想再多說，只是在用餐後結帳前，服務生很客氣的送來一份問卷調查，我們當然很誠實的表達食物狀態以及我們的評價。怎奈，災難就此開始，先是一位服務生來關切究竟是哪一部分有問題，我也很懇切的說明，沒多久另一位領班級的人員出現再問一次同樣的問題，沒辦法只好耐心的又回答一次。心想，還是趕快走吧，正要起身之際，一位自稱店長的人來了，非常禮貌的再度瞭解了一回，我只好拜託他們別再問了，都已經說了三次，怎麼處理是餐廳的事，我以後再也不來了。

　　另外，服務品質管理也密切關係到企業經營的成敗，這五大目標必須徹底實現。餐旅服務業或相關部門，如果把「品質」改成「素質」，就容易接受得多。換言之，所謂品質管理就是改善工作內涵的品質，而不再只是表面產品的品質而已。至於餐旅服務的品質，必須考慮各公司本身的特性，各自研究發展出一套屬於自己的品質管理模式。這個世界確實有必要讓人們瞭解「餐旅服務」的真正本意並積極推展之。另一方面，在餐旅服務業的領域裡應該把「品質」解釋為「素質」、「工作的內涵與細節」，專心朝這方向努力。「改善品質」就是一種「品質管控」，餐旅服務業藉此而促使「餐旅服務的素質提升」，當然是每位從業人員責無旁貸的專業使命。積極的從事「對顧客有益處的工作」、「對顧客有用的工作」就是餐旅服務的本質，也就是要「站在顧客的立場，設身處地為其盡心、盡力效勞」或

「給予適度的、專業的關心照料」。

　　「品質」是餐旅服務產業的形象指標，品質的優劣將直接影響餐旅服務業經營的成敗。近年來，隨著人們生活品質的提升，對於餐旅產品服務之需求量也大為提高，如何有效提升餐旅服務品質乃當務之急，是刻不容緩之事。

　　所謂餐旅服務品質是一種認知性的品質，易言之，服務品質是消費者對於服務產品主觀的反應，並不能以一般有形產品的特性予以量化方式做出衡量與評估。又有人說所謂服務品質感覺上像是一種行為的表現，是消費者對於服務產品等相關事物所做的整體性評估。所謂服務品質，是一種衡量企業服務水準的量杯，能夠作為評斷顧客期望的度量工具。服務品質的好壞，取決於顧客對服務產品的「期望品質」，和實際感受得到的「體驗品質」兩者之比較結果。如果顧客對於服務產品的實際感受體驗水準高於預期水準，顧客會有較高的滿意度，並因而認定服務品質較好；反之，則會認為服務品質較差。

七、顧客對服務品質的知覺模式

　　顧客對服務業所提供的服務產品之品質評估，係根據其本身對服務產品之體驗價值與預期期望水準之比較，而予以判定服務品質之良窳。

　　服務品質＝顧客對服務產品體驗認知價值－顧客預期期望水準
　　服務品質佳＝顧客體驗認知＞預期期望
　　服務品質差＝顧客體驗認知＜預期期望
　　服務品質普通＝顧客體驗認知＝預期期望

　　餐旅服務產品之品質好壞，只有顧客才能界定其價值高低與品質優劣，因此餐旅服務產業最大的挑戰乃在於滿足或超越顧客對產品的

需求與期望。如果業者能瞭解顧客對服務產品之期望，進而提供其所期望的美好體驗，此時客人將會感到滿意，甚至覺得服務有高水準的價值，因而感到愉快。此外，業者若能夠在不額外增加顧客費用支出的情況下，提供額外項目之服務，將令顧客感覺到物超所值的消費體驗。

華麗的布置空間，可從視覺上提升顧客對品質的滿意度

用餐環境的景觀也是一大賣點

八、破壞餐旅服務品質的因素

(一)服務人員認知落差

「認知落差」，係指顧客對餐旅服務產品之品質期望，與餐旅業管理者或服務人員之間的認知差異。

◆落差形成的原因

餐旅業人員與顧客之間的溝通不夠，資訊傳遞管道不良所致。例如因為客滿所以服務員沒空核對菜單就出菜，或是持有優待券的顧客無法順利使用。顧客對餐旅產品的服務品質認知大部分是源自個人需求、過去經驗以及所得到的相關產品資訊。如果餐旅產品未能符合顧客之需求與期望，顧客將會產生失望與不滿。

◆解決之道

1. 須加強餐旅組織之內部溝通與外部溝通，服務人員須對組織之內外的事項與服務都詳細瞭解，才能上場執行任務，避免服務人員在無法清楚瞭解服務內容的狀況下工作。
2. 加強市場調查（問卷調查或是田野調查），瞭解顧客真正需求，再據以調整餐旅服務之項目與內容，期以迎合滿足顧客之需。
3. 讓客人充分瞭解餐旅產品之市場定位。例如高價位高品質，或是低價位低品質，以利消費者選擇所需，減少誤解。
4. 餐旅產品之研發務必先考量顧客之需求，針對顧客之實際期望來提供產品服務。
5. 針對上述服務品質之重點力求改善，期使餐旅產品服務能減少落差與誤解，唯有如此才能滿足顧客之期望。

(二)需求規格差異

「需求規格差異」，係指顧客對餐旅服務產品的品質認知，與餐旅業管理者對此產品品質規格認知的差異。如時間規格、尺寸規格、款式規格、服務方式規格、傳送規格、包裝規格、用餐方式等。

◆缺口形成的原因

1. 不重視服務品質的控管，未能信守對顧客的產品品質之承諾。
2. 欠缺訂定標準化作業的專業能力，或缺乏執行上的專業知能。

◆解決之道

1. 依顧客需求訂定品質規格標準化作業，並加以嚴格控管。
2. 管理者須加強本身專業能力，強化餐旅企業資源之質量，以免因本身條件或資源不足而影響整體服務品質。

(三)傳送誤差

「傳送誤差」，係指餐旅服務傳送系統所傳送出來的品質，未能達成管理者所訂定（或是顧客所要求）的規格標準。

◆誤差形成的原因

1. 餐旅產品具無形化特質，導致規格化較不容易達到一致的水準。
2. 服務傳送過程涉及服務人員、後場人員和顧客之參與，致使品質控管相對複雜且困難。
3. 餐旅服務人力資源不足，就業門檻低，容易造成人力素質參差不齊，尤其是負責接待服務的第一線服務人員之服務態度與專業知能，若未能符合顧客之期望，很容易立即招致顧客之不滿或抱怨。

◆解決之道

1.慎重甄選員工，錄用能提供顧客所期待之服務品質的人員。

2.加強員工教育訓練，培養專業工作知能。

3.加強組織管理，培養團隊分工合作之精神與共識。

(四)公眾溝通落差

「公眾溝通落差」，係指餐旅服務企業在市場廣告促銷的餐旅產品訊息，與實際所傳遞的服務產品，二者之間的差距。

◆缺口形成的原因

1.餐旅業者在市場上的廣告宣傳或業務公關人員過分誇大餐旅產品品質與服務特色，致使顧客對實際產品認知感受與當時廣告宣傳有落差。如強調咖哩飯的份量大到可以餵飽相撲選手，可是實際上卻無法評量，反而讓雙方產生疑惑、不信任與困擾。

2.餐旅業者所提供的餐旅產品與宣傳廣告的內容或項目不一致時，造成顧客的認知失調。如聽說買漢堡套餐加一元送炸雞，最後到手卻變成雞塊。

3.為提高營業額與市場占有率，而對消費者做過度的承諾，超過售價本身應提供的範圍太多。

4.餐旅企業組織部門與部門之間的水平溝通或垂直溝通不當，以致出現溝通的缺口。如推出住房送餐飲服務時，部門間便需要事先溝通作業上的處理細節。

◆解決之道

1.餐旅企業之行銷企劃與行銷廣告之確定，須由相關單位部門主管共同參與，以利產生共識，並提出真正可行之廣告方案，以免生產與銷售、前場與後場、管理階層之間產生認知的差異與

誤解。

2.對外溝通之宣傳廣告須謹守誠信原則，切忌誇大或表裡不一的宣傳，以免讓顧客有受騙之感。

九、堅持的品質管理作業

餐旅服務業領域內必須堅持的品質管理作業細則計有下列幾項：

1.提升工作品質。餐旅服務業的工作內涵其實跟製造業沒有太大區別，只是餐旅服務業對於服務品質的提升比製造業更重要。

2.重視人才的培育與訓練。由於餐旅服務業是勞力密集產業，人員必須密集的與顧客面對面接觸，更應對顧客有無微不至的關懷，原則上大都以「人」為主要角色來進行，因此對於人才之培育和訓練更須重視。

3.隨時觀察確認顧客的滿意度，同時盡心盡力地服務與協助顧客。至於顧客滿意度評分項目有：商品品質、價格、讓顧客等候的時間（交貨時間）、服務、安全、職業倫理（禮貌）等。

4.提供整齊、清潔、優雅的服務，必須設計統一的制服或進行公關宣傳工作。

5.必須事前給服務品質訂定一個適合自己公司的標準，並正確地教育員工以建立共識。

要達成上述必要項目的手段則仍須依靠持續的品質管控，必須自行檢討、分析，提出改善方案積極應對。且須明確劃分各階層的職責以確保品質，必須讓組織內部各個階層的人，對品質的觀念與態度一致。依循權責劃分的原則，清楚劃分組織內各階層幹部，一般職員與兼差工讀人員分別對餐旅品質之確保負擔不同職責（楊德輝譯，1991）。

堅持一流的品質與服務是對自己與顧客的承諾

 ## 第二節　餐旅服務品質控制之功能

　　評量餐旅服務品質是產生優良餐旅服務的基本步驟，在所有餐旅服務過程中之相關因素尚未齊備之前，預先擬定出一套評量品質的制度，很可能是低效能的。因為餐旅服務產品的特性所致，所牽涉的層面有顧客、員工、環境、設備與業者等多方面的因素，任何一方出現問題都將嚴重的破壞餐旅服務產品的程序與品質。因此事先過於理想的設定，非常可能落入一種失真的窘境之中，例如過分嚴格或是太鬆散的服務標準，都會導致顧客與服務人員的困擾與麻煩。所以如何顧及服務過程、服務產品本身與服務滿意度是業者必然重視的重要主體。最基本的評量應該著重服務過程，基層服務人員在與顧客展開接觸之時，是成功建立顧客良好觀感之最佳時機。顧客滿心期待著情人節蛋糕的出現，帶來驚喜，但是宅急便到貨時，打開禮盒卻發現蛋糕壞掉了，顧客的心情會有多糟，可想而知。而當打電話去向店家抱怨

時，如果接電話的服務人員以一種虛應、不正面積極的態度來面對的話，那麼就算這家的蛋糕如何好吃，恐怕都無法使顧客的整體印象扭轉過來了。反觀服務業如果在傳送服務或是產品的前置作業中能事先替顧客考慮周到，如貨物幾時送達最合適、是否立即食用、需要多少食用器具等，都是很有效的做法，能直接積極的維護品質。

　　掌握服務品質的目標非常簡單，就是創造顧客、服務業者與專業員工三者之間的三贏，具體的功能提出如下：

一、避免營運浪費

　　無論生產的是單純的服務或是加上產品的服務，都需要成本與費用。所以如果生產過程的品質控管做不好的話，當然就是成本的直接流失。在服務工作流程中最後的一關「品質管控」，是避免浪費的直接做法，當然事前做好品質管制之工作，如制定所有操作程序之標準作業流程（SOP），就連開關機具設備的步驟都一一詳述，無論是誰當班都可以確保作業的一致性與正確程度。如包裝方式、選取食材原則、燃料使用規範、電話與文具的使用等。

二、降低材料（進貨）成本

　　餐旅服務工作之進行需要員工、顧客與業者之間的互相配合，如果三方能共同建立對品質文化的共識，就能減少因為認知不同而產生的落差與誤解，組織內的內耗也會減少。所以在產能提高之後，成本也自然降低了。俗稱「會賣貨不如會買貨」，能以較低的進貨價取得同等品質的材料，就可以奠定與同業競爭的勝算，試想當一客牛排的價格大家都訂在550～650元之間，且服務品質、用餐環境與方式都差不多時，你想勝出的話，售價低可以搶得市場，此時你的食材成本若

能低於對手，經營的優勢就確定了。

三、提高經營績效

銷售與消費雙方如果一致認同服務品質是重要的共識，那麼維護品質就變成一種彼此互相制衡的重要因子。所以雙方溝通上的差異也就因此而減少，效率的提升也就是必然的結果。可採取之方式如事前預約制度、限定用餐時間、取消沙拉吧，將成本用在強化牛排的質量（如台中夜市餐廳）、自動售餐（票）機等。雖然這些措施都會多少改變（服務）消費習慣，但是因此所獲得的效益卻是雙方都可以感受到的。

四、強化組織（團隊合作）文化

當談到組織文化時，最先考慮到團隊合作的情況，也有很多人都以為是指組織氣氛好壞而言，但事實上是有差別的。組織氣氛只能算是組織文化中的一環，組織氣氛是一種次文化，一種個人的類似感受與同質意識之觀察，組織如何面對內在與外在環境的反應，通常幾個月或是一年內就可以反映在組織氣候上了，而且可以用科學方法或是統計方法檢驗出來。但終究組織文化是一群人的內心感受，如果不是特別去歸納出的話，是不容易被察覺的，所以也就會有一種現象出現：想要透過組織文化的導引來從事某些改善動作的人，必然會設法找出組織文化之特性或是些許簡單的結論來加以沿用之。因此，在企業經營的觀念上已經朝向積極的訓練並培養員工高團隊合作的模式發展，評量餐旅服務業的服務品質之前應事先歸納分類服務程度，速食業以及提供快速服務之相關產業所表現的服務品質當然不同於強調精緻化之餐旅服務。基本上，簡化與顧客接觸之程序與時間是低層次的餐旅服務產品，例如速食業或是餐旅零售業之基本經營管理原則。但

與顧客接觸少並不表示服務就可以草率粗糙

是與顧客接觸少並不表示可以草率粗糙，而是將服務的重心強調於前置作業上，如更順暢的動線與更積極有效的掌握提供服務時間（如麥當勞得來速購餐車道）。而高層次的餐旅服務業則應積極掌握與顧客接觸的每一個細節，現場的互動演出正是致勝之關鍵點（時刻），因此餐旅服務人員的專業素養與技能是成功要素。

　　曾經有個世界連鎖之大型旅館，舉辦了提升品質的標準作業活動，強調單一的品質服務是該次活動的重點，結果是幾乎所有的員工都感到不堪其擾而反彈，原因是五星級旅館業的服務人員是一群經過許多實際專業訓練的服務業精英，他們深諳國際語言與國際禮儀，而面對的又是來自世界各地的國際級觀光客，因此工作內容如強求必須做到質量均一是不可能的。尤其在現在這個強調客製化服務的時代，刻意強調提供一致的產品給高單價的顧客，恐怕適得其反。更甚者，當服務人員為了顧及公司的規定而忽略了顧客真正的需求時，結果將是得不償失的，而且服務人員也會認為公司不尊重他們本身的專業認知，也不認同他們的專業能力。公司所提供的服務產品是否能留給社

167

會大眾優質又良好的印象？公司的整體形象是否正面、公司對於組織內外的管理形象是否在社會環境中評價優等，這些都會對企業文化造成影響，並且成為直接提供給消費族群之參考依據。

五、創造顧客（消費）價值

　　長遠來看，成功的公司都靠創造顧客價值取勝。為了創造優異的顧客價值，必然設計各種做法，如高階主管及各階層管理人員必須全心投入服務團隊（而非只是出資等獲利的心態）、成立品質專案小組、進行即時的改進措施、確認顧客價值模式與標準、訂定組織之遠景與價值觀、樹立企業（組織）文化、有效授權、研擬顧客回饋系統、建立領導核心能力、重新組合檢驗所有之支援系統。

　　傑出的餐旅服務公司都瞭解顧客之基本需求、本能特質、生活情況、問題與購買動機。他們把顧客看成是獨一無二的個體，而非只是一個消費單位。要瞭解顧客消費需求就要作兩種研究：「目標市場研究」和「顧客消費行為研究」。進行目標市場研究是為了瞭解市場的結構與動向，包括確認市場需求、人口結構、目標市場利基與分析主要競爭者實力等。顧客消費行為研究則較傳統的市場研究更深入，目的是設法瞭解個別顧客對「餐旅服務」和「服務提供者」的期望、想法和感覺，希望能找出影響顧客價值判斷的關鍵因素，可以因此定出一套「顧客判斷模式」，亦即顧客做出選擇的一整套標準。借助諸多做法的意義在於確實掌握並引導顧客消費行為，來完成規劃顧客價值之藍圖，如果企業可以採專業做法完成顧客價值的定位，那麼顧客的權益將得到周全的保障，如此積極的做法將取得顧客的尊敬與期待，那麼雙贏或是三贏的局面都指日可待。

　　例如在上班族午餐吃膩便當或一般餐盒時，麥當勞推出超值午餐，79元起就可以解決一餐，可以創造業者離峰時段的營業績效，對

於顧客而言，也許正在苦惱午餐選擇之際，購買特惠的知名套餐算是一種不錯（妥當）的選擇，更是創造業者與顧客雙贏的橋樑。後來許多品牌也陸續跟進類似的促銷方案，如丹堤咖啡推出濃湯10元加購價的優惠；摩斯漢堡加20元買蒟蒻；肯德基（KFC）推出加1元送漢堡炸雞（每天不同款項）；麥當勞趁勝再加晚餐第二套半價等種種優惠，在台灣的餐飲市場掀起一場熱鬧的大戰，表面上看來廝殺很激烈，各自都賣力經營全力發展，雖然壓力不小，但是因為市場熱潮所致，反而共同擴增了速食業的市場需求版圖。

 第三節　顧客滿意度

所謂「顧客滿意」（the satisfaction of the customers），涵蓋非常廣泛的概念。而管理面的工作則是連結顧客與業者雙方對於顧客滿意的對話。企業所提供的餐旅服務、商品服務時的處理方式，以及透過廣告的資訊提供、配送方式、服務業的特性（地點設施及方便性）等各種要素，都與顧客滿意產生積極關係，才能確認顧客是否滿意。再者，企業的整體形象，以及相關物件與產品、服務所產生的整體感受、經驗及印象等，也都與顧客滿意度息息相關。同時，顧客滿意度還具備與競爭企業比較的特性，如商品、服務水準。顧客滿意度的關聯性甚至提升至顧客主動要求、滿足顧客需求的活動層面，所以可以稱之為餐旅行銷的整體作戰。針對以上邏輯可以得到結論：即顧客實際接受的服務經驗與事前的期待應該相等。

曾經有個例子：某國際觀光旅館副總有一天在餐廳與顧客（德國人）打招呼時，順口問了一句：「昨晚睡得好嗎？」顧客回答：「還不錯，但是床有一點硬。」該副總一聽立刻交代房務部在房客離開房間時換掉床鋪。當房客回到房間後，在桌上發現一張致歉卡說明已經

換了一張較軟的新床時，十分驚訝，也因此對我國飯店管理水準的優異感到印象深刻。這樣一個不經意的表示，竟然換來旅館如此慎重的處理與對待；類似的例子在優秀成功的餐旅服務業中十分平常。該房客的期待應該獲得超乎預期的標準，將心比心把顧客當成自己的心態出現在上述的範例中。又如一個不吃牛肉的廚師如何烹調出可口的牛肉佳餚呢？廚師對於顧客的口感經驗若無法實際掌握，就無法提供滿足顧客期望的品質。

一、顧客的期待

所謂的「顧客的期待」又包含有哪些項目呢？雖然在實際經營時，這些項目經常無法面面俱到：

1.餐旅服務應該是容易親近、被接受的。
2.確實提供謙虛有禮的優質服務態度。
3.提供個人化（客製化）的關心服務。
4.全心全意投入的專業服務人員。
5.具備專業知識與技能的服務人員。
6.持續性的專業服務態度與服務品質。
7.具有團隊合作之專業服務組織。

二、服務時常見的弊端

餐旅服務經營時最令人詬病的七項罪過是：

1.消極無奈的讓客人枯等，服務人員毫無知覺（反應）。
2.成員與顧客產生爭執，製造爭端。
3.服務人員或是服務現場呈現出不專業與不潔淨的外觀，如物品

亂放或是髒汙未清理。

4.提供給顧客前後矛盾與不正確的訊息。

5.服務人員在客人面前與同事產生爭執。

6.暗指客人的需求是不重要或是瑣碎的。

7.服務人員彼此推諉責任。

三、破壞滿意度的因素

繼續追蹤的結果可以歸納幾項直接破壞滿意度的因素：

1.錯誤的服務（物品、數量、順序或是數目等）。

2.低效率（慢吞吞）、漫不經心的服務。

3.價格不合理（過高或過低）。

4.冷漠揶揄的服務人員（服務人員在顧客面前嬉鬧）。

5.不能勝任的服務人員（例如新手過多）。

6.失禮的服務人員（服務人員因個人因素擺臭臉）。

7.低服務品質（整體的感覺不好）。

8.服務人員不足。

9.過程（細節）安排得不好、不周全。

10.預約出差錯。

四、顧客繼續消費的理由與服務建議

(一)顧客繼續消費的理由

經過整理，當然也有讓顧客繼續消費的理由：

1.合宜有禮的態度、友善的服務。

潔淨明亮的場所是顧客持續消費的理由之一

2.過去正面的消費經驗。

3.市場的聲譽加上親友的直接推薦。

4.員工以殷勤的態度提供敏捷的服務。

5.可信賴的合理價格。

6.員工以優雅姿態表現出樂於協助的態度。

7.整潔的明亮場所。

(二)服務建議

對於服務人員作業中的具體建議如下：

1.在賣場中不可提高嗓音。

2.不可用手觸摸頭臉或置於口袋中。

3.不可斜靠牆、工作台或服務台。

4.在服務中不可背對客人。

5.服務中不可跑步或行動遲緩。

6.服務中不可突然轉身或停頓。

7.手執可負荷之盤碟數（物品）。

8.要預先瞭解顧客的需要。

9.除非情況需求，避免聆聽客人之談話。

10.只有在不影響服務的狀況下才能與客人聊天。

11.勿將制服當抹布，經常保持制服之清潔。

12.預先確認服務處所之清潔，但須避免在客人面前做清潔工作。

13.服務熱餐用熱盤，服務冷餐用冷盤。

14.不可用手接觸任何食物。

15.餐廳中有刀叉餐具，需用托盤盛裝拿走，盤上須加服務巾。

16.避免餐具刀叉碰撞發出聲響。

17.避免堆積過多之盤碟於服務臺上，避免空手離開餐廳到廚房。

18.勿直接置放任何食物於乾淨的桌布上，需用器皿盛裝。

19.根據年齡及階級，先服務女士，但主人或女主人留在最後才服務（須先辨識主人與女主人身分）。

20.當客人進出餐廳時，以親切的微笑迎送客人。

21.除非是不可避免，否則不可碰觸客人，在服務時也不可以扶靠在客人身上。

22.在服務時儘量避免與客人談話，如果不得已，則將臉轉移，不可正對食物。

23.在最後一位客人用完餐後，別馬上清理杯盤，除非顧客要求才處理。

24.所有掉在地上之刀叉均需更換，但需先以服務托盤送上清潔之刀叉，然後再拿走弄髒之刀叉。

25.不可讓客人有這種感覺：你對其他客人的服務比較好。

26.客人走後才可進行清理工作，除非顧客自己要求。

27.除了麵包、奶油、沙拉醬和一些特殊之菜式，所有的食物均需由右邊上。

28.客人要入座時，一定要上前協助拉開椅子。

29.在餐廳中避免與同事說笑打鬧。

30.上菜服務時，先將菜式呈現客人過目，然後詢問客人要何種配菜。

31.勿將刀子插在肉類上。

32.確定每道菜需要之調味醬及佐料沒有弄錯。

33.需要用手指捻食之食物，洗手碗必須馬上送上。

34.儘量記住常客習慣與喜愛之服務方式（菜色與細節）。

35.隨時保持冷靜。

36.保持良好儀容及機敏的態度。

37.有禮貌的接待客人，如果可能的話直呼客人的姓氏。

38.仔細研究並熟悉價目表（菜單、房價表）。

39.所有飲料由右邊上。

40.口袋中隨時攜帶開罐器、打火機及原子筆。

41.清除所有不必要的刀叉，但如有需要則需補齊。

42.確定所有的玻璃器皿與陶瓷器皿沒有缺口。

43.客人開口要求之前，將配菜之調味料備妥。

44.合宜的倒滿酒杯（紅酒1/2滿、白酒3/4滿）。

45.充分供應麵包、奶油及備品。

46.結帳前，溫和詢問客人是否滿意，如果客人不想回答也不可追問。

47.在未經客人同意之前，不可送上菜單。

48.不可在工作區域內抽菸。

49.在工作場所中不得吃喝東西、嚼口香糖、檳榔等。

50.在工作場所中不得照鏡子、梳頭髮或化妝。

51.不得在客人面前打呵欠；忍不住打噴嚏或咳嗽時要使用手帕或是面紙，並事後馬上洗手。

52.在工作場所中不得有不雅舉動，不得雙手交叉抱胸或搔癢。

53.不得在客人面前算小費或看手錶。

54.不得與客人爭吵，或批評客人，或強迫推銷。

55.客人有時想從你那兒學習餐旅知識，但並不表示希望被你糾正，不可倚老賣老。

56.對待兒童必須有耐心，不得抱怨或不理睬他們。

57.如果兒童影響別桌客人或出現危險動作，通知主管去請兒童的父母加以勸導處理。

58.溢潑出來的食物、飲料等應馬上清理。

59.電梯口不可以放置菸灰缸。

60.賣場廁所的垃圾桶要有蓋子。

61.遇見名人光顧時，不應藉服務機會攀談（詢問一些私人的問題）或是要求簽名等動作。

　　好的品質（產品品質、服務品質與管理品質）服務是超越顧客之期望。全面品質服務之觀念如果拿到公共部門的組織去實施時，會不會有不同的地方？其實和私人公司一樣，公共服務機構必須打破原有的經營方式，才能有提升效能的機會。現在許多的公營機構自己也有經營的壓力，但是長期在政府的保護傘之下經營，是不會有機會去面對真正的經營壓力。他們所虧損的金額在經年累月之積存下已變成政府一個甩不掉的大包袱。因之，針對新時代競爭之際，如何早日民營化似乎已成為今日政府之嚴正考驗；作業分工、管理透明及組織效率等皆是必須接受檢驗之重點。眼看著國光客運的轉型，感觸真的很深，銜著原有的公家根基，國光客運在組織改造、人員精簡之後，從駕駛到服務人員全面重新定義服務品質為產品品質、服務品質與管理品質之全面組合。服務品質非常重視的是服務過程而不只是產能與產量。如果員工一心只想達成單位工作量之要求而忽略了工作品質的

令人印象深刻的小瓜導遊

某年冬天，我們一行快三百歲的夫妻六人組相約參加○○旅行社的日本旅遊團，在日本進行五天的冬季泡湯旅遊，滿心歡喜的六人組第一次結伴旅遊，又期待又怕受傷害的忐忑心情，在領隊小瓜專業體貼的服務之下，獲得極大的滿意度。

本案例最值得闡述的部分是：六人之中有一位是國內某知名大學的校長，在出發前旅行社已經得知這名旅客之身分，也事先告知導遊，希望導遊能在行程中多留意與協助。

出發當日，在機場這位小瓜導遊就非常眼尖的認出了在大廳等候的團員，並一一說明接下來的進度，在他的安排與協助之下，大家很有效率的登機出發了。而難能可貴的是，從旅程開始一直到回到桃園機場，小瓜只是很貼心的照顧服務大家，始終沒有試著打聽過團員中任何一人的職業，或是與行程無關的任何事，更沒有在長程車中安排讓大家彼此自我介紹之類的俗氣活動，這也就讓我們鬆了一口氣，一行六人自在無壓力的、盡性的完成了一趟吃喝玩樂的愉快旅程。

小瓜非常成功專業扮演了導遊的角色，整體的服務品質就在他適度的掌控了所有餐旅業的元素而達成。能讓旅客在無壓力的前提之下，體驗所有經過事前安排的旅遊活動，自然奠定成功的基礎，再加上他適度的鋪陳一個正確的旅客期待，如他會事先預告當地風景或是氣候可能無法如大家的預期般出現，而當遇見天公作美時，他就成功的製造了旅客的意外驚喜，增加旅客旅遊滿意度。另外，他重視旅客的個別需求與顧慮，當旅客希望身分不曝光時，能完全不打探、不製造旅客困擾，更是另一個成功的因素。

話，組織仍想維持服務品質的目標將難以達成。

下面這些案例說明了這個典型的問題：

某公司董事長希望公司的總機人員以每天所接聽之電話數量來作為給付薪資之基準，為此他們每接一通電話之後就必須在記錄本中畫個記號，但是實際上的情形變成，員工為了提升數量，就拚命的搶接電話以達成業績要求。就有員工心情複雜的表示：「我們做的記號越多，薪水就越多。」另外也有員工接著說：「所以，在相同的時間內，隨便地應付了二十五個顧客，比耐心地讓十個顧客感到滿意，所得到薪水高出許多。」像這樣的結果，不知道業主是否預料到？

另外，某知名連鎖飯店因實施各部門一律利潤中心制，而初期各部門的員工為求節省成本起見，經常利用空閒時間將備品（如床單、布巾等）做修補的動作，以期使備品能延長使用期限，結果自然就可以節省成本，但是這樣一來，反而忽略了服務品質的內涵，是否值得？頗令人玩味。

此外，對於許多私人企業而言，不斷地追求更高效率的軟、硬體設備，或是更好的名聲，儼然成為一種潮流與時尚。甚至有許多主管認為，提供顧客良好的服務，意味著更華麗的噱頭，與更具話題性的措施：譬如在飛機座椅旁安裝行動電話；在餐廳採用高級長毛地毯；旅館房間內裝黃金馬桶；在飯店房間內擺設昂貴的古董字畫、藝術品；在飛機上用餐之餐具以純金或水晶製品來替代，或是請明星級的員工來示範等。以上這些舉措充其量只是企圖造成一些震撼性的新聞話題，以達到廣告宣傳的效果，對於品質本身並無太大的意義，徒然造成一些工作人員之管理困難與工作負擔之外，似乎別無更大的功效。

簡單之結論是，顧客需要什麼樣的服務，企業就提供什麼，這就是優良的品質服務之基礎。因之，能否站在顧客之立場來思考整體服務之進行，包含規劃原則與實施之細節，然後根據這些原則與細節不斷地進行改善，以利真正達成品質服務之維護。服務品質之優劣決定

於顧客滿意度，所以首要之務就是明確掌握「顧客的喜好」、「顧客層」及「顧客繼續光顧本公司的理由」（廖文志、欒斌譯，1997）。由於餐旅服務業直接把商品和服務提供給顧客的機會非常多，長期的環境薰陶下，很自然就培養出一套能掌握顧客需求和滿足的本能，這種「顧客至上，以客為尊」的觀念，我們在品質管理上稱之為「市場導向」的觀念。「顧客是大爺」、「顧客永遠是對的」的觀念或許並不正確，但是真心的考慮顧客的感受，就必定要透過實現品質管理的所有措施之落實，才能成功的達成企業之「市場導向」的經營目標。

五、顧客抱怨

首先必須先澈底瞭解：(1)顧客為什麼會抱怨？(2)顧客的抱怨應該如何處理？(3)面對顧客抱怨的正確心態？(4)處理顧客抱怨時的溝通技巧？

(一)顧客為什麼會抱怨？

◆顧客的期望產生落差

顧客會抱怨的最根本原因就是我們所提供的產品或服務，低於他原先的期望，而且是很明顯的落差。會造成我們所提供的產品或服務與顧客的期待有落差的因素如下：

1. 產品出問題，原因是公司生產面的運作有了障礙與不當，不單是服務人員所造成的。如炸雞的醃製時間不夠、披薩的麵皮沒有發酵成功，就算外場的服務人員再能幹也解決不了顧客的抱怨。公司完美的形象塑造得太好了，所以顧客的期望相對就水漲船高。公司文宣品寫得太誇張，招來超量的顧客，結果當然不容易令顧客滿意（如大爆滿的顧客超出公司的預估量，結果可想而知）。

公司的規定不夠清楚，致使顧客產生誤解與期待；公司的政策不夠明確，中途停辦或更動（如更改活動截止日、優惠方式等），致使員工與顧客都無所適從。

2.專業訓練不足，以致於無法達成公司原先所設定提供顧客的產品或服務項目。服務出現漏失，多半是個別服務人員所造成，大致上都是服務（禮貌）不週或是專業技能不純熟所致（如服務員分菜技巧不佳、包裝物品手法笨拙等）。會造成人員服務品質不佳，致使顧客抱怨的原因如下：

(1)服務經驗不夠，以致於在與顧客互動的過程中，讓顧客產生誤解，或讓顧客存有不必要的期待。例如有服務人員告知顧客還要等待十分鐘，但事實上卻無法達成。

(2)工作默契不夠，以致於顧客發現不同的標準時，當然會造成落差，例如因處理前一個抱怨的顧客，而怠慢了下一位顧客時，必然會產生落差。

(3)警覺性不足，以致於遇見顧客出現投機取巧行為時，無法預防與應變，更可能導致其他顧客不滿（如有人插隊卻無人制

服務經驗不夠時，將會影響顧客的用餐情緒

止）。此外，顧客在消費過程中遭遇困難而服務人員無法提出解決辦法，更沒有人前來協助時。這不單是指顧客已經遇到麻煩或是危急的狀況而已，事實上只要現場情況慌亂令人不知所措，現場無人能及時出面解圍，就會產生抱怨與糾紛。

◆顧客的茫然

什麼時候顧客會感到茫然呢？

1. 當他不知道接下來該怎麼做或是會發生什麼事的時候？
2. 當他不知道現在是否做對了的時候？
3. 當他不知道之前有沒有不當或是錯誤的動作時？
4. 顧客認定他即將或是已經蒙受更大損失時。
5. 即使損失尚未發生，顧客卻已認定損失必然會發生，便會先行發出抱怨，企圖減輕壓力或是損失。

◆顧客抱怨的動機

顧客抱怨的動機有可能源自於：

1. 其他心理層面的因素，例如曾經在現場發生過極不愉快的事情。
2. 某種心理補償作用，藉著抱怨或是找麻煩來舒緩心情，發洩情緒。
3. 某種心理投射作用，他只想找服務人員互動（抒發一下，講一講就算了，不一定有敵意）。
4. 真的是懷有敵意或是目的，也有可能是對手或同業派來製造事端的。

(二)顧客的抱怨應該如何處理

◆立刻受理且處理步驟要穩健

受理顧客抱怨絕對不能像高速公路警察局各管一段公路的方式。在服務業的運作中，不論是哪個單位或哪個人的管轄，只要顧客來申訴都應該立刻有人接手，予以受理，不可推託，因為在顧客心目中任何員工、任何職位、任何單位，都同樣代表公司，就如同公務員都代表政府一般。

顧客既然來抱怨，具體提出申訴，就表示他已經受到傷害，此時如果你還不能立刻受理，還要他另外去找誰或到別的單位申訴，顧客將二度受到傷害，他永遠也不會（不想）原諒你，當然企業聲譽受傷的事實也就無可避免。

受理之後，進行調查處理時仍要尊重各單位的職掌與專業，不可越俎代庖，要充分讓各單位承擔職責，並發揮專業功能，這樣才有助於使事情真相水落石出，讓顧客的申訴抱怨不致於無疾而終，當然也

面對顧客抱怨時須耐心且謹慎處理

可以避免因為處理不當而造成組織的損失，所以處理時不可急就章，草率應付。尤要避免因處理技巧不佳，而讓顧客有無限上綱、擴大事端之機會；也不可以強勢的手法壓迫顧客的申訴機會，尤其當顧客前來申訴，最忌諱的就是你二度犯錯，讓顧客有機會將事件擴大，「所謂大事化小，小事化無」是一般抱怨與糾紛處理的原則；因此，處理顧客申訴案件時，切忌草草了事，企圖以最敷衍的手法來逃避。寧可慢慢說、仔細聽，不可再弄錯，若一錯再錯，顧客一定加倍生氣，問題將更惡化。

◆重視程序的明確，實質加以處理

程序上可以斬釘截鐵的承諾，如「先生，我們一定立刻為您查清楚。很抱歉發生這種事，我們一定會全力查明，而且一定會儘快給您答覆。」對於實質上的承諾則要有所保留，如查明之後我們會依事實來補救，千萬不要直接說「數據或品項」，否則很難善後，可以用「我們一定盡全力，但是真的很抱歉，我們不敢說保證一定會讓您完全滿意，不過還是讓我們先解決現在的問題好嗎？」來表示。

◆直接面對問題處理

直接面對問題處理，與問題無關的部分就別落入糾纏。顧客既然來抱怨，極有可能我們確實有錯，或是雙方都有責任，此時最好的政策就是認真去面對問題，並且對顧客坦誠，千萬不要掩飾或逃避，一旦處理不當將賠不勝賠。

拋開「自欺欺人」的思考模式，不論面對長官、同事或顧客，坦誠面對都是最好的方法，尤其是面對自己時，如果都能坦蕩，才是真智慧。學習坦然面對我們可能犯下的錯，良性循環的經營結果可以使得專業生涯的發展更為順利。真理越辯越明，萬一真是組織成員的錯誤，當事人願意坦然面對時，首先應該要向直屬長官報告，並尊重他的決定；長官應該要支持坦然面對，他也可以決定由自己擔下責任，

直接對顧客交待，對事件本身比較有助益。

◆責任歸屬的答覆須明確快速

　　責任歸屬的答覆要明確快速，但補救作為（說明）要保留彈性與空間，而不是逃避。問題發生，當然要深入追查問題的起源與眞相，對內要立刻設法避免再犯，對外則應該直截了當的答覆顧客關於責任的歸屬以及處理的具體方式（當然前提是你的調查確實已經很周全）。以下針對責任歸屬的答覆部分繼續說明：

1. 當確定問題出在顧客本身，但我們卻願意予以協助補救，建立積極的正面顧客關係。
2. 責任無法區隔時，業者可以釋出善意，表示心意（給予一些補救），期望建立患難合作關係（雙方能各退一步）。
3. 當責任在業者時，不能太隨便爽快的答應顧客什麼條件，讓顧客誤以爲可以提出大額的賠償。切忌顧客抱怨一旦發生了，就一定要有所交待，尤其餐旅服務業，並非獨占產業，所以不可以沒有結論。對於事實眞相應該盡可能據實以告，但對於補救方式卻不要太輕易給予顧客承諾。最好是讓顧客先提出他的訴求，先瞭解他希望的補救方式與條件範圍，再來研判如何因應與回覆。

◆組織處理抱怨之內部機制原則

　　此外，當顧客要求的補救方式與條件其實並不高，甚至更低的話，就應該立即果斷的應允，甚至應該將賠償提升至符合公司的規定辦理，讓顧客產生立即性的滿意度，並因此對公司產生信任感。你先不說出公司的規定，是怕顧客趁機獅子大開口，並不是要爲公司省錢，否則若事後被顧客發現再度受損，事情就更難善了。至於組織處理抱怨之內部機制原則如下：

1. 建立內部通報制度：建立內部通報制度可以讓其他部門心生警惕，避免其他人員重蹈覆轍。同時提醒同仁，哀矜勿喜，如果不注意，錯誤隨時可能發生在自己部門或是自己身上。建立內部通報制度，可以積極避免重複性的抱怨發生，也可預防詐騙集團設下圈套行騙等類似的案例。

2. 應建立個案資料並作為新進人員的通識訓練教材：顧客抱怨處理應該建立個案資料，詳加分期分類歸檔，並且應責成專人加以分析之後，作為新進人員訓練的教案，重大個案更應該成為必備課程之一。

3. 建立事後評估制度：顧客抱怨處理之後應追蹤評估，以瞭解顧客是否真正對處理結果感到滿意；瞭解是否在制度上引發了問題，並確認是否已做好改進措施；瞭解責任是否在服務人員之處理技巧上，以及確認是否已確實改進（例如服務人員是否接受訓練等步驟），包括表單與流程都應全盤檢討改進，以確認不會再引發顧客抱怨的情形。

(三)面對顧客抱怨的正確心態

對於顧客願意提出抱怨，我們應該感到高興，不要排斥，平常心去面對就是了。顧客如果都不抱怨，有兩種可能：一種是我們已做到盡善盡美；另一種可能是顧客已經心灰意冷到懶得再抱怨了，他們會直接否定我們，若是這樣，豈不是沒有未來了，所以當顧客還願意來抱怨，表示還有機會。當然我們也不是希望顧客不斷地抱怨，反觀顧客若總是抱怨同樣的事情與問題，就表示我們已失去自省與改進的能力。

基本上，企業不應該排斥顧客抱怨，而是積極鼓勵顧客正面提出問題與需求，並從中找尋我們進步的空間。

(四)處理顧客抱怨時的溝通技巧

　　處理顧客抱怨時要掌握全盤的狀況，如果處理抱怨者沒有完全進入狀況，只會使顧客更加不滿，問題更難以善了。溝通者不但要對顧客所抱怨的內容全盤瞭解，更要確實掌握顧客真正的訴求，這樣才能有效的解決問題，不會再衍生其他麻煩。以下針對處理顧客抱怨時的溝通技巧，詳細說明：

◆瞭解組織的職責與權限

　　當顧客前來抱怨時，負責溝通的人要知道自己是以什麼角色來處理，這樣溝通雙方才不會有錯誤的期待與認知。解決問題時，溝通者必須很清楚的知道自己被授權的程度與內容。

◆保持最佳風度，並隨時注意客訴方的反應

　　處理客訴時的溝通，一定要給對方留下好印象，並避免再度因為態度不佳，激怒對方。讓客訴方更擴大事件的寬度與深度，所以不要操之過急，也不要急著下結論，要保持最佳風度，並隨時注意對方的反應，才是化解抱怨的最佳原則。

◆風度與誠意比口才重要

　　處理客訴時的溝通風度（如大將之風、有容忍力），以及真誠氣質，遠比流利的口才重要。喜歡和有風度的人相處是人的通性，人們通常不喜歡和口才犀利的人互動，有些顧客甚至會認為，公司若是派口才很好的人來溝通，恐怕表示沒有解決問題的誠意。

◆關心「人」比關心問題如何解決更重要

　　建立交情比解決問題要來得有意義。處理客訴時的溝通，要記得「人比問題重要」，所以要先與顧客建立認識，最好能產生瞭解，不要急著解決問題。要珍惜這個千載難逢與顧客互動的機會，所謂不打

不相識，能趁此時機，澈底瞭解顧客的不滿何在，才能真正根本解決問題。

◆不必急躁

說少了、說慢了，總比說錯了要來得好。前面已提到，處理顧客抱怨最忌諱二度犯錯。所以處理客訴時的溝通，千萬不要操之過急，慢慢來、好好說、認真回應，說少了、說慢了都比說錯了要好。寧可謀定而後動，也不要胡謅亂講。顧客會抱怨一般都是有原因的，如果你沒搞清楚對方為何而來，就先胡說八道一番，問題能解決嗎？因此，處理顧客抱怨時的溝通，務必準確而有效，瞭解狀況後再說。

◆不要得意忘形或盛氣凌人，也不要太職業化

處理顧客抱怨時，固然要先設法和對方建立交情，以利問題的處理。但要注意不要本末倒置，忽略問題的解決。一旦發現錯不在我方時，也不可得意忘形，更不可太盛氣凌人，也不要顯得太職業化，要像朋友一樣真心互動，化危機為轉機。

◆使對方感覺舒服比使對方接受你的解決方案更為重要

處理顧客抱怨時，全部過程都要使對方感覺自然無壓力，不可以強迫對方接受你的建議，或是以疲勞轟炸的方式，試圖讓顧客自行放棄。要多講對方在意的部分，多說對方有興趣的事務，少扯你自己的觀點，或是一味的站在公司的立場，保障公司的利益。

◆聲調表情比口才內容重要

處理客訴時，使對方感覺舒服遠比對方是否接受我們的處理方案重要。因此，要注意的是我們的聲調與表情，而不是口才與內容。表情要親切、誠懇，聲調要平易、平實、真心而且熱情，發自內心才能讓人動容，如此一來，在你還沒提解決方案，搞不好問題就已解決了。

◆在不同場合要有不同的應對，須拿捏得宜

處理客訴時，要懂得判斷各種場合的差異，不同的場合，溝通的方式要有所不同。對場合的判斷有地點、時間、現場設備、在場聽眾以及臨場的氣氛（如有無其他民眾在場鼓譟、看熱鬧）等等。

◆要正確的判斷彼此間的關係

處理顧客抱怨時的溝通，還要懂得判斷彼此之間的親疏遠近。如果不能夠正確的判斷彼此間的相對關係，對熟識的人說太見外的話，對不夠熟的人卻又說太肉麻的話（裝熟套交情）之類，都會是很失敗的處理模式。

◆儘量使用中性不帶價值判斷的語詞來表達

現代社會的變遷速度太快，今天說對人恭維的話，明天說同樣的話有可能變成一種諷刺舉動，一不小心就得罪人。所以要儘量用中性、中立的語詞，尤其避免碰觸個人隱私的話題（例如不可試探健康、婚姻、感情、身材等問題，或是面對新聞事件主角提及熱門話題等）。

◆以成功處理所有的顧客抱怨為目標

要以「留得青山在」、「細水長流」的心態，來處理抱怨個案。顧客來抱怨，態度當然不會好，心情更是不佳，所以要能夠成功的解決問題本來就不容易，但身為專業人士，我們絕不能把事情弄僵搞砸，切記「會嫌才是客」，與對方建立共識與瞭解，永不放棄解決問題，視危機為轉機，才是經營的正確心態。

第四節　服務業的品質與管理

一、何謂餐旅服務業的良好品質

　　餐旅服務業中所謂的「良好品質」應該由購買商品的顧客決定，最起碼要顧客滿意，所以「才會買我們的商品」、「接受我們的服務」。首要之務就是明確掌握「顧客的喜好」、「顧客層」及「顧客繼續光顧的理由」。

(一)以旅館為例

　　遊客投宿前一定有大概的計畫，選擇一般觀光旅館、溫泉旅館、一般旅館、高級的國際觀光旅館或是民宿，都有其理由，藉此來衡量房間設施及服務的品質、價格。而這一般有賴顧客的身分層次來界定，至於館內的餐廳、湯屋設施、盥洗設施、休閒室、遊樂設施、酒吧、風景景緻及其他設備，當然也都要因應客層及價格而定。

　　餐旅服務業只要符合顧客上門的需求，品質就受肯定，顧客住得開心，業者也會愉快獲利。

(二)以餐飲業為例

　　餐飲業如果不分析商圈內的顧客層，並檢討哪些是暢銷產品及其為何暢銷的理由，便無法提高營業額。所謂好品質，往往因顧客而異，同樣品牌的連鎖餐廳在A店推出的菜色非常好賣，在B店卻有可能出現滯銷的情況。這可能是因為B店的商圈顧客與A店的顧客群不一樣，商圈分析其實就是顧客分析，以此作為決定銷售策略的依據，而不同顧客群的品質需求自然不同。

(三)以速食店（麥當勞）為例

麥當勞極為重視所提供的商品品質。一致公認是從老人到小孩都喜歡去的店，因為重視以及對品質均一化的堅持，才有可能在世界各大城市開設連鎖店，講究「品質第一」是該品牌的經營理念之一。食物製作後限定時間內必須售出，否則就淘汰，絕不留存，以確保食物新鮮度。這樣的超大品牌依然需要設定目標顧客群，在住宅區與商業區的分店推出的主要促銷方案與銷售組合都不太一樣，兒童族群一向是重要客群，所以依照季節推出兒童套餐，分送不同之主題玩具，以及提供生日party的服務也是該品牌相當成功的行銷服務方式之一。

(四)以酒吧、俱樂部為例

在酒吧、俱樂部的經營上，「服務的品質」遠比「所提供的商品品質」更加重要。多數業者仍以氣氛服務取勝，依賴原有顧客層之支持。當然即使是酒吧或俱樂部，也有些像餐廳性質一樣，把重點擺在食物上，端視各店的性質而定。畢竟「民以食為天」，人們現在更將

酒吧在餐廳裡的重要性越來越大

豐富愉快的飲食經驗視爲娛樂生活的一部分，所以許多業者都紛紛投入專業餐飲設施，提供優質且具備特色的餐飲服務，以期能留住更多的老顧客，更有助於提升服務品質。

如上述的說明，每一個業者都必須充分檢討「餐旅服務業中的品質究竟指的是什麼？」並努力實現之。不能只考慮自己公司的立場和利潤來經營事業，必須以「消費者導向」，即「顧客需要什麼就提供什麼」的想法來決定服務的品質。

二、何謂滿足顧客要求的最佳品質

提到「良好的品質」，一般人想成「應該是最高級的吧！」或「最貴的啊！」，這可是天大的誤解。所謂好的品質應該是指「符合消費者的使用目的或條件的最適品質」。「強調最適合的就是最好的」的理想，努力提供給顧客心中想要的商品，而且每一樣商品的品質水準比其他店的同類商品更高，又有質感與口碑。

「最適品質」是餐旅服務業成功之道，當你在思考什麼是符合顧客要求的最適品質時，必須滿足下列各點，並且各項因素要均衡：

1.質：品質要非常平均優良。
2.量：必須能夠隨時提供顧客需要的量，不可以缺貨。
3.價格：價格要適中，和品質比較起來時，讓顧客感到相當划算（創造「物超所值」的感覺）。

三、必須考慮整體的品質

我們經常會批評說，A公司的商品比B公司「好」或「差」。這句話其實並不一定是針對每個產品詳細做檢查而下的結論，通常是指整體的優劣而言。換言之，不但要重視「單獨商品的品質」，同時更需

重視許多商品集合一起的「整體品質印象」。也就是說，如果服務過程中牽涉的任何一個部分出現問題或障礙，都有可能會造成顧客的反感與放棄。餐旅服務業不是基本的民生事業，因此所謂的服務品質是指讓所有的顧客滿意整體的服務，所以本質上，必須要求所有的服務環節都均衡，但所謂的均衡必須建置在合理的標準上，如果平均的水準很低時，仍不能算是良好的服務品質（如城鄉差距之特性）。由此看來，整體的服務品質最好是能讓「水準」和「偏差」兩項均衡處於最佳狀態。

四、餐旅服務業的品質

茲將餐旅服務業的品質特性說明如**表5-1**。

表5-1　餐旅服務業品質的特性

項目	特性
狹義的品質特性	味道、重量、美觀、可靠度、使用壽命、不良率、調整修正率、完整度、包裝性、安全性等。
和成本、價格（利潤）有關的特性	良品率（材料有效利用率）、基本單位（生產每單位產品所需的原物料或時間）、損耗、材料費、製造費、加工費、購買單價、工資率、成本、定價、利潤、實售單價。
和生產量與消費量有關的特性	生產量、消費量、後場供貨的調整、交貨期、運轉率、效率、人事生產率、來客數、銷售額、利潤額（率）等。
商品出售後的問題，追蹤商品的特性	保證期間、售後服務、款式的互換性、修理難易性、說明書的內容、檢查、使用的方法、使用方法的宣傳、儲存方法、使用期限、運送方法、客戶意見的調查與處理、市場調查、消費者的報怨與要求、售後服務、顧客的滿意度等。
餐旅服務業特有的品質特性	含上述四個項目，再加上提供商品的品質、運送損耗、顧客等待時間、器皿的品質（玻璃杯破損等）、安全衛生的品質、待客態度的品質、環境等範圍內者。

資料來源：楊德輝譯（1991），石原勝吉著。《服務業的品質管理》（上）。台北：經濟部國貿局，頁42-47。

第五節　餐旅服務業的品質管理重點實施事項

　　餐旅服務業想要推展品質管理，應透過「本質上必須執行的事項」及由全公司決定實施的「重點實施事項」雙管齊下來推展品質管理與控制，並積極的擬定中期、年度的持續性計畫。茲將餐旅服務業特別重要的重點實施事項列述如下：

一、建立品質保證體制

　　所謂品質保證，可定義為「保證顧客可以安心、愉快滿意地消費，且使用後擁有安心感、滿足感」。餐旅服務業中有些行業也製作產品或商品來銷售，也有些是以「讓人使用」、「安心地使用」為主的行業。另外也有像餐飲業是標榜能「讓人安心地吃」。不管哪一行哪一業，品質保證的想法其實都差不多。

　　為了要真正實現品質保證，除了總經理（負責人）要提出具體的方針之外，由調查、企劃、設計，到生產、銷售、服務部門，甚至供應材料的廠商到餐旅服務業者都必須團結一致，全體攜手合作、共同努力，才有可能實現所謂的優良品質。經營的基本及重點課題放在品質、管理、服務、環境衛生安全、設備維護上面，將這幾個要項當作是餐旅服務業品質保證的根本（楊德輝譯，1991）。而這一系列的作業網路如能成功的執行，將可順利的達成經營目標。

二、建立利潤管理與成本管理體制

　　我們必須設法建立一套管理體制，持續不斷地降低管理成本，

設法讓成本管理是用來作為利潤管理的手段，而不只是事後的檢討工作。因此為了執行事業計畫以確保目標利潤，勢必要製作「利潤計畫」、「預算規範」、「銷售計畫」，並且按照計畫推展。為了使利潤管理能夠順利進行，必須決定用管理人事費（勞務費）、材料費等成本的項目，作為利潤管理的具體手段與標的。降低成本的邏輯有：

(一)在維持品質的前提下降低成本

這是最優先考慮的方法。只要品質良好，不良品減少，可以採取：節約採購進料、減少不必要的加工浪費、採環保理念進行包裝方式、減少人事費、旅館浴室裡的備品以大罐裝代替拋棄型包裝、房間浴室裡放置使用過的浴巾籃等，經營成本就自然逐漸降低。

(二)提高作業效率以降低成本

如餐廳的設計以從廚房到外場能縮短等待時間為原則，讓顧客的周轉率（turnover rate）增加，營業額自然會增加，整體看來成本就會降低。

三、建立生產、銷售體制

餐旅服務業雖然一向重視銷售管理與現場服務，但生產活動之管理也很重要，後場的支援與品質水準對於企業形象與行銷都有關鍵性影響，故建立產量管理體制刻不容緩。當然生產中所講究的銷售量、交貨時間、顧客等待時間的努力，仍然不可忽略。例如飯店在中秋節前賣月餅，雖然銷售很重要，但月餅品質的整體評價仍最重要，如口感與包裝。

(一)建立生產量管理體制

生產量管理可以定義為「用來協助將顧客所希望的商品依顧客所希望的時間、交貨日期提供給顧客的活動」；如餐飲業方面，可以重新定義為縮短等候時間，提供美味可口的商品，同時為了避免缺貨現象，必須隨時準備需求之材料，而且維持其新鮮度；數量和交貨時間對生產管理非常重要。為了達到生產量管制之目標，應擬定以下之具體做法：

◆依據顧客的期望擬定生產計畫

製造以符合顧客期望的商品為原則，首先，必須先正確掌握顧客所希望及要求的是什麼。每天、每月、每季都必須調查、研究、設計。以餐飲業為例，推出好菜色、製作商品排行榜、分析營業額、利潤額、銷售量之間的關係，自然就可做出分析結果，當然就可預估來客數量，確定計畫生產量，依照經營計畫來進行生產量管理。

◆確保專責人員達成計畫

餐旅服務業是勞力密集行業，主要是以人為中心來接待與應對為原則。唯有優秀人員才能具體提升服務水準，使業績蒸蒸日上。因此人力發展、專業教育訓練不可忽視。例如：國際大飯店的櫃檯人員必須能以英、日語流利進行服務；廚師的素質，若無國家檢定考試合格的證照，不能精進廚藝做出受歡迎的料理等。

◆建立設備設施維修工作計畫表

建立好日常的檢查體制。工欲善其事，必先利其器，所有相關的設備機具都應該善加管理維護，確保其運作順利，所以建立一份嚴格的維修工作計畫規範與制度，刻不容緩。

◆設法準備足夠之物料、材料使餐旅服務順利進行

　　合理又運作正常的採購制度可以解決這項困擾，所有相關使用單位都清楚知道採購原則與流程將有助於本項功能之實施。

(二)建立銷售管理體制

　　銷售量是經營計畫的基礎，依照來客數（入店顧客數、住房率、產品數）而決定。因此，銷售量應該根據顧客的預測數值做計畫，企業為講求穩定發展，必須設法不斷地提高銷售量。如果不成長，設備升級與員工加薪均會落空，因此銷售量管理是企業經營最重點課題。

◆銷售情報的蒐集與運用體制的建立

　　首先應該正確掌握顧客的需求與需求期望，將這些顧客意見分析研究過後，擬出經營計畫的長期計畫（五年左右）與中期計畫（二至三年）。

◆藉由顧客滿意度調查來確認服務活動之效果

　　就是由外界（顧客的立場）及內部（公司組織體制）兩方面做綜合性的評估，並做出結論加以檢討。

◆改善處理靠情報回饋來進行

　　必須把各階段被認為不夠完善的業務改進與管理情報，不斷地回饋構成一個循環體系，根據結果與討論作為調整的根據。

四、品質管控體制

　　品質管控體制就是在組織裡展開自主性的品質管理活動，而這個單位是全公司品質管理活動檢測的一環，利用成員的自我啟發和互相討論，運用持續不斷地檢討，並要求全體一律參加，進行工作單位的績效管理和品質改善。

品質管控體制的基本理念計有下列三項：

1. 開發員工的潛能，規劃員工專業生涯發展。
2. 創造一個重視人性、溫暖愉快的工作環境與組織文化。
3. 協助企業改善體質與未來營運發展。

五、建立提高顧客滿意度規範

服務業顧客滿意度不單指品質方面，還包括價格、生產量、交貨期、服務、環境衛生、安全、餐飲衛生等各方面的綜合滿意度，其中只要有某一項滿意度不及格，顧客就會不滿，因為這項工作不是單項的分數加減，而是乘數的計算，同時務必要顧及全體顧客的期望，儘量均衡地發展。改善顧客滿意度最重要課題就是直接提升顧客對於品質的滿意度，然而依行業、業態不同，對品質滿意度的期望標準自然也不相同，有賴於各公司努力研究，調查顧客滿意度的現況，再進行具體的改善活動，將滿意度提升。

(一)提升顧客滿意度的項目及具體做法

下面詳列有助於提升顧客對品質滿意的調查項目及具體做法：

1. 提升顧客對於五感（視覺、味覺、嗅覺、聽覺、觸覺）的滿意度。
2. 改善外觀、講究美感，減少產品的包裝不良。
3. 不提供品質惡劣的服務產品。
4. 消除同款產品品質參差不齊的狀況。
5. 降低（消除）產品的破損率及故障率。
6. 維持所提供服務用品與器物之品質狀況穩定良好。
7. 使產品、材料具有互換性與彈性，但仍需顧及功能與品質。

優化顧客感官體驗有助於提升顧客滿意度

　　8.事先說清產品的清理、使用方法及善後處理。

　　9.提供之說明書應淺顯易懂。

　　10.最短時間內處理解決顧客抱怨之申訴個案。

(二)設立檢測管理點

　　若不重視上述十項具體的行動並積極採取措施，再怎麼談及提升顧客對產品的滿意也徒然。同時為了管理、改善產品的顧客滿意度水準，必須設立檢測管理點，至於管理顧客對商品的滿意度之項目應包括：

　　1.產品的品質不良率、錯誤瑕疵件數、損失金額。

　　2.產品的破損率、破損個數及方式、損失金額。

　　3.有關該產品的抱怨件數、賠償金額、保證金額、處理費用。

　　4.異物混入件數（如發現蒼蠅、髒汙等）。

　　5.速食業的管理點，計有鮮度、損耗率、損壞件數、銷售金額等。

品質管控體制檢測管理點必須靈活運用，如：

1. 產品的不良率、錯誤瑕疵件數、損失金額：用圖表、流程圖來分析管理。
2. 破損率、破損個數、破損金額：利用圖表管理。
3. 抱怨糾紛件數：利用圖表管理。
4. 原因：利用柏拉圖（Pareto Chart）等來分析管理。
5. 異物混入件數：利用檢查表來管理。

以上這些管理點平日需經常訓練、親身體驗，才能在日常管理中將統計手法使用起來得心應手。

> 「柏拉圖」，即品管的七大手法之一，為Pareto Chart的音譯加意譯，又譯為「帕累托圖」，就是「客觀且正確地發現最（關鍵）重要的問題，對於決定管理、改善活動的重點課題和目標最有效的一種方法」。亦即將工作崗位上最感頭痛的不良、失誤、抱怨、意外、故障、服務等問題，分別配合各自的原因或現象類別，蒐集最吻合的且已經分類過的數據，依照虧損金額或不良品件數的多少依序排列，並用長條圖繪出，這就是「柏拉圖」。

(三)提升顧客對價格的滿意度

不論再好的品質，如果價格太過昂貴，也絕不可能讓顧客感覺滿意。因此唯有「物美價廉」、「物有所值」、「物超所值」，才能真正獲得顧客的滿意，要提高顧客對價格的滿意度，應注意下列各項：

1. 提供比同業更具競爭性的價格誘因。
2. 縮短等待時間、提高工作效率與供應速度。
3. 舉辦各種具特色之特價（促銷）活動。

4.強化公司內部體制，如減少「產品損耗」、「價格計算錯誤」
等可列入績效考核。

(四)顧客滿意度的提升

◆製作與交貨期的滿意度

餐旅服務業也有生產線，當然也就有所謂的交貨時間，如：

1.消除產品、材料、備品的缺貨現象。
2.縮短顧客等待的時間。
3.縮短交貨及運送產品的時間。
4.提高整體工作效率。

◆服務工作的滿意度

保證提供優質服務的決心，才能使顧客對服務滿意度提升，至於
顧客對於服務的滿意度提升的評估標準項目計有：

1.提高接待服務態度：這常常是顧客滿意度的基本關卡。
2.體貼無微的服務：如航空公司對幼兒乘客無微不至的照顧、國
際航線對聽不懂英語的老人在通關時的細心服務、對身障者的
具體服務措施等，都是有助於提升服務品質的具體表現。
3.提升人員服務水準：定期實施講習訓練。至於檢測管理點可依
其專業訓練的舉辦次數、實務訓練的成績、實施資格審查考試
制度、服務手冊或準則的修訂、標準化的件數來衡量評估。
4.創造明朗愉快的工作環境及氣氛：唯有檢討並確實提升服務水
準，展開具體的專業活動，才能真正提升顧客的滿意度。

◆整體環境整潔的滿意度

1.創造一個明朗清爽的環境。

創造一個整潔明亮的舒適空間

2.創造一個清潔的賣場（現場）。

3.隨時維持廁所清淨芳香。

4.服務人員的服裝隨時保持清潔筆挺。

5.使動線寬敞、樓梯間不堆放任何雜物。

6.店鋪（賣場）顏色明亮舒適。

◆安全衛生的滿意度

1.確保商品的安全與衛生。

2.維持賣場（店鋪）的安全與衛生。

3.減少食品的細菌量。

第六節　餐旅業服務品質檢測指標

一、電話禮儀部分

1.員工是否於電話鈴響三聲內接聽電話？

2.員工於接聽電話時是否有禮貌，並注意說話語氣以使客人有愉快之感受？

3.員工於接聽電話時是否表明姓名及服務單位，並禮貌的詢問客人所需之服務內容？

4.員工是否於客人預約日期到達前再以電話確認？

5.員工講電話時，周圍是否儘量避免吵雜聲或其他干擾源？

6.員工是否具備足夠之外語能力？口齒是否清晰？

7.員工是否確認客人姓名，並於談話中以適當稱謂稱呼？

8.員工於電話轉接時是否迅速且正確（總機人員對於單位各分機號碼之熟悉度）？

9.電話轉接系統是否優良順暢（如轉接功能、轉接等候音樂設計等）？

10.旅館提供晨喚服務（morning call）是否準時且有禮貌，且能注意客人感受？

11.員工能否詳細說明各項服務設施、取消服務或其他相關規定？

12.員工能否清楚說明各項設施之型態（如位置、大小、設備、時段、方式等等）？

二、服務進行過程中

1. 員工服務態度是否積極主動並盡力提供服務？服務是否有效率？

2. 員工是否向客人複述服務（消費）內容，以確保交辦事項之完整性？

3. 員工對於商品服務價格（含促銷項目）是否熟悉？

4. 員工是否清楚記錄客人資料及連絡方式，並將相關資料建檔以便利查詢？

5. 員工是否於客人預定日期到達前再以電話確認？

6. 所有留言、傳真是否在收到後十五分鐘內送交住宿客人？

7. 員工對於客人詢問是否迅速予以處理（如客人對備品或設備有疑問）？

8. 員工是否親切有禮並盡力提供服務？

9. 員工是否注意基本禮節（如輕敲房門、問候、尊重客人「請勿打擾」標識等等）？

10. 員工對於服務設施是否熟悉？並給予客人適當之推薦？

11. 員工對於附近區域及景點、交通、購物資訊是否熟悉，並提供諮詢及推薦服務？

12. 員工對於顧客申訴及抱怨之處理是否妥適？

13. 是否能以高效率態度將消費明細提供客人確認，並順利完成結帳作業？

14. 員工是否詢問客人消費經驗優劣？並於客人離開時誠懇邀請其再度光臨？

三、設備（設施）及網路部分

1. 櫃檯是否提供最新之簡介資料或簡易地圖摺頁？

2. 架設之服務網站是否精美且具實用性？

3. 架設之服務網站是否有其他外語頁面可供選擇？

4. 是否提供便利之網路線上預約服務？

5. 服務網站之設計是否清楚易懂且容易操作？

6. 網路服務品質是否良好？是否為寬頻網路？是否免費提供客房內網路服務？

7. 旅館是否提供機場或其他定點接送服務（須考量收費合理度、車班頻率等）？

8. **餐廳、KTV**、旅館是否提供代客停車服務？服務品質如何？

9. 是否提供書報雜誌？是否提供其他免費服務（如水果、礦泉水）？其品質如何？

10. 文具印刷品是否充足、精美？是否提供旅館服務指南？

11. 旅館客房視聽娛樂品質是否良好（是否提供足夠電視、電影、音樂頻道等等）？

12. 是否提供洗衣服務？其服務品質與收費合理否？

13. 是否提供開夜床服務？其服務品質如何？

14. 自助餐檯各式食物、飲料是否清楚標示？

15. 自助餐檯區是否有專人負責服務整理工作？

16. 是否提供足夠之餐具器皿？是否提供足夠份量之食物？

17. 廚師是否始終於自助餐檯後面提供服務？

18. 食物份量是否適中？食物溫度是否恰當？食物是否新鮮且色香味俱全？

19. 各項設施之使用管理是否適當（如預約排定、使用人數控管等等）？

隨時留意餐檯區各式食物及餐具之供需狀況

20.員工對各項器材設施是否悉心維護，以使功能正常運作？

21.員工對於各項器材與設施是否耐心講解或操作解說（應注意對客人之禮儀）？

22.員工是否提供客人所需用品（如餐巾、毛巾、沐浴乳、浴袍等）？

四、服務態度方面

1.員工是否親切友善地向客人打招呼？

2.所有員工之服裝儀容是否整潔美觀？是否配戴中外文名牌？

3.服務中心員工（旅館行李員）是否為客人開車門並問安？

4.員工之行為舉止是否莊重且有高素質水準？員工是否具備外語溝通能力？

5.旅館行李員是否在客人遷入房間十分鐘內將行李送抵客房？

6.旅館行李員是否安全的將行李安放於行李架上？

7. 旅館行李員是否在接到客人遷出訊息十分鐘內至客房提取行李？

8. 所有員工是否親切有禮貌？並盡力提供服務？

9. 所有員工之服裝儀容是否整潔美觀？是否皆配戴中外文名牌？

10. 餐點是否於適當時間內送達（本項應依所點菜式之樣式及項目多寡而定，但最長不得超過三十分鐘）？

五、清潔品質部分

1. 營業場所之地毯、地板、磁磚、玻璃是否維持清潔乾淨？

2. 家具及窗戶、窗簾之使用功能是否維護良好，且乾淨無塵？

3. 所有器具（電視機、音響、電話、冰箱、熱水壺等）設備是否保持清潔，且功能維護良好正常？

4. 旅館被單、棉被、枕頭、床頭板是否清潔乾淨？

5. 家具燈飾是否乾淨無塵？燈光是否明亮？客房所有鏡面是否乾淨無斑點？

6. 天花板及排氣孔是否乾淨無塵？空調系統是否正常溫和運作？

7. 馬桶、淋浴間、浴缸、洗臉台是否乾淨且維持良好狀況？（是否漏水或故障？）

8. 浴簾、淋浴門及浴室地板是否乾淨且維持良好狀況？

9. 毛巾、浴巾是否清潔？浴室備品是否擺放整齊且無缺損？

10. 客房及浴室備品是否補足？

11. 供水品質是否良好（如水壓、水溫、水質等）？

12. 客人入住後，員工是否適當清潔整理客房及浴室等各項設施（如菸灰缸、垃圾桶等）？

13. 餐廳整體清潔及衛生維持程度如何？

14. 餐巾、桌布、椅套等布巾類能否維持乾淨，並燙平且無破損、

徹底做好客房內各項清潔工作

　汙點？

15.員工能否於客人離席後三分鐘內將桌面收拾乾淨？

16.自助餐檯是否乾淨、美觀吸引人？餐具是否維持乾淨、清潔、無破損？

17.員工對於客人置放之物品是否適當整理（貴重物品、私人文件等不得任意整理移動）？

18.餐桌擺設是否整齊美觀？

19.佐料是否配置妥當且保持清潔衛生？

20.員工是否維持各項設施及場所之清潔乾淨？各項設施是否均能提供予客人使用？

六、人力品質部分

1.員工是否能輕敲房門並向客人問安？與客人交談時是否注視客人，態度合宜？

2.提供客房餐飲時，員工是否詢問客人希望將托盤、餐車放置在客房內何處？用餐方式？是否將餐點及餐具擺設妥當，並服務飲料，且隨時注意飲料之溫度？

3.送達之餐點是否正確而完整？員工是否說明餐點及各式調味料用途？

4.員工於接聽電話時是否注意電話禮儀，並提供適當有效率之服務？

5.員工是否親切有禮迎接客人，並迅速帶位？

6.員工之服裝儀容是否整潔美觀？是否皆配戴中外文名牌？

7.員工接受點菜時，是否對菜色、材料及內容均有相當瞭解？

8.是否於點餐後十五分鐘內上菜？

9.員工於上菜時是否注意基本禮儀（如提醒客人要上菜了）？

10.送給客人之餐點是否正確完整？食物與菜單上名稱大小是否相符？

11.員工是否具備飲料專業知識？介紹時是否詳細？

12.員工是否適時補充茶水及更換餐具？

七、其他

1.餐廳於即將結束收餐時，是否預先告知客人，並提供必要服務？

2.員工是否詢問客人對餐飲及服務滿意度？餐廳結帳作業是否迅速正確？

3.能否避免廚房內吵雜聲及味道傳至餐廳用餐區？

4.餐廳整體氣氛是否維持舒適安靜？

5.員工於接聽電話時是否注意電話禮儀，並提供適當有效率之服務？

6.員工之穿著及裝備是否恰當？服務人員是否面帶微笑，態度親切？

7.氣氛是否維持舒適（Spa內應注重氣味、溼度、溫度等）？播放之音樂是否恰當？能否避免外在之干擾？

8.員工是否專注於工作？是否注意維護設施使用安全（遊樂場操作人員尤為重要）？

9.員工是否具備運動傷害緊急防護、水上救生、CPR等專業知識？

為顧客創造一個可以完全放鬆而自在的休息環境

Chapter 6

餐旅服務之人際溝通

★ 領導者之定位
★ 溝通管理與服務品質
★ 溝通技巧之增進
★ 時間管理與人際溝通
★ 激勵與團隊精神

第一節　領導者之定位

領導者之任務在於發揮影響力，定位自己的專業地位；領導者的角色在於促進組織目標的達成。

一、領導者之任務

領導者之任務在於發揮影響力，必須定位自己的專業地位。領導是指促成或是影響團體達成目標的能力，而這個能力的來源可能是正式的，例如組織中擁有管理的職位，管理職位因伴隨著正式的權威指派，所以這個領導角色是個人在組織中擁有職位的結果。餐旅業基層領導者一般都負有管理的工作，但是並非所有的領導者都是管理者，而所有的管理者也並非都是夠確實有效的領導他人完成使命。經常發現，源於組織之外的非正式力量比正式的權力甚至更加重要。換句話說，除了正式任命之外，領導者也有可能從團體中自然產生。

影響力是促使他人改變態度而引發行動的能力。影響的方式可能是間接或是直接的。一個領導者必然要培養影響力，否則他的地位與功能是會被質疑的。我們須注意的是，影響力與運用不平等的權力去強迫別人服從，或使他人屈服是不同的。影響力的存在與否，當然會對於他們的領導地位產生質變。所以高影響力一直被認為是相當迷人的管理特質，也是所有相關人士都應該非常注意的個人特點，更是眾人積極追求的專業氣質。

二、領導者之角色

　　領導者的角色在於促進組織目標的達成，不管是組織任務的達成或是面對管理問題，對領導者而言都是基本任務與工作內容。任何層級的領導者，都有他們不同的任務與職責，領導者一般都具有不同的能力，如專業技能、社交能力、溝通能力與危機處理能力，而這些能力都是用來達成組織目標的。

　　在資訊發達的時代裡，我們不難透過各種訊息管道得知，許多企業的成功領導者之所以能夠在組織裡展現絕佳的領導力，多半與其個人特質與天份有著極大的關係，然而什麼是領導魅力呢？簡單的說，能夠鼓勵部屬超越私利，著眼於組織的大利益，發揮團隊合作的力量，達成組織經營目標。而他們一般的主要特徵為：自信、勇敢、有高理想實現能力、行為特質突出、自我調整意願高。基於以上特質，他們必然活在受矚目的輿論環境中，日常言行備受矚目，至少與他職責相關的部屬們都非常注意他的舉止與動向。諸如他在做什麼？他為

領導者善於發揮影響力，達成組織目標

什麼要去？他會去哪裡？他會怎麼決定？他接下來會如何回應？等等。

「領導力」是一種非常迷人的特質，人人都渴望自己有這種魅力特質，但不幸的是，這種特質並非可以學習而來的，管理能力當然是可以積極培育的，可是領導魅力可就不是想學就可以輕易學得來的。

第二節　溝通管理與服務品質

溝通是生活的一部分，是一種藝術。發生在生活中的點點滴滴隨時都透露著溝通之契機，因此我們就經常會將人際溝通視為理所當然的事，而往往只會在發生問題之後，才會覺得溝通是一種不簡單的學問與技巧，也才開始重視。當一個成人進入社會之後，分別在組織之中扮演著不同的溝通管理之角色，隨之而來的是，他們必須接受不同的溝通任務。因此，理所當然的，溝通工作的成敗維繫著管理經營的優劣，更操縱著個人工作生涯之成敗。

一、溝通的意義

終其一生，我們不可能停止與他人的溝通與互動。人際溝通在我們的生活中非常頻繁的在持續進行著，因此我們經常把它視為理所當然，除非溝通過程中發生問題，否則我們根本不會重視溝通結果的優劣，或是去想以前學過的溝通技巧如何。一般而言，管理者在組織中所接受的正式及非正式訓練，大概十之八九都與溝通管理有關。例如，你必須學習如何授權、如何教育下屬、評估員工的工作成效、與顧客談判、懲戒和訓練員工、與應徵人員面談、激勵員工、說明活動內容、說服大家接受新制度等等，這些困難的工作都需要良好的溝通技巧才能圓滿完成。

212

　　你並不是在踏入社會之後才開始接受溝通訓練的。在你的求學生涯中，你花了許多時間和精力來學習閱讀和寫作。之後，你或許很幸運，有機會接受說話練習和公開演講的課程，甚至學過如何聆聽，或是認真聽懂他人講話（遺憾的是，大多數的人顯然欠缺這類的訓練，或是上課時都在混）。即使在你就學之前，你也早已經學會在恰當的時機利用啼哭、笑聲或手勢，來得到你所要的一切。這就是人類初始的溝通經驗與活動，溝通開始使你擁有成功與達成目的之力量。不過，就算我們都受過這方面的訓練，而且幾乎在清醒的時刻裡隨時隨地的在與人溝通，但是沒幾個人能算得上是溝通大師或高手。必須承認，我們或多或少都會犯錯，人與人溝通不是一門簡單的課程。

　　人際溝通的訣竅在於如何把握重點，就我們所需要的目的、對象、時間、地點、方式，進行有效的溝通活動。身為溝通管理者，我們常會忘記一個事實，在人與人溝通之前，只有我們本身瞭解自己想傳達的訊息是什麼，很不幸的是我們經常都誤以為他人跟我們一樣瞭解訊息的細節與內容。我們總是忽略一個重要的前提，就是我們必須營造一個適當的情境，使聽者能和我們一樣完全瞭解溝通的訊息內容。我們想傳達的訊息也許很複雜，例如公司預期的銷售業績；也許很簡單，例如「本公司決定不錄用你」、「我們必須解僱你」、「按照規定我們必須給你退訓的處分」；也許很難啟齒，如「我希望你能達成我們要求的水準」；也許直截了當，如「開除！」；也許很含糊，如「叫他把它（什麼呢？）找出來，然後送過去（哪裡？）。」

　　所謂的溝通是指運用語言、文字和其他方式達成各種不同認知的結果。這裡所說的其他方式，包括一些特定的非語言行為，如臉部表情、肢體動作、手中的攜帶物品，以及一個人的穿著與外表等。我們的生活中，從一起床開始，無論做與不做一些動作，都在對周遭的人「訴說」著某些訊息。很多事情是我們刻意想表達的，如指示你的助手如何進行服務工作、請求老闆追加某項計畫的經費、在員工會議中

報告、穿上你最體面的服裝等等。但是也有些訊息是無意中透露的，如上班經常無意或故意的遲到、在早會上避免與某位同事的眼光接觸、在受到高度壓力的情況下講話結結巴巴，甚至辭不達意等等。老是遲到早退也許表示「我不在乎這份工作」；在會議上不受重視的人也許會覺得「我對公司的貢獻根本沒人注意到」；一句話說得結結巴巴就很有可能無法取信於人。事實上，發訊與收訊的雙方（sender & receiver）對於彼此是否瞭解溝通的內容都有責任。如果你是發出訊息者，除非你能確定對方真的瞭解你的意思，否則你的任務就不算完成。而如果你是收訊者，就必須做出回應讓對方確定你已經瞭解溝通的內容，才算盡到你的責任。因此，兩個人之間的交談應該包括下列幾個步驟：

1.發出訊息的一方向接收訊息的一方說話或示意。
2.發出訊息者一邊說話一邊細心觀察接收訊息者的表情、姿勢和其他動作，從反應中判斷收訊者的理解程度與心情狀態。
3.收訊者除了傾聽對方發言外，還必須注意他的表情、姿勢與其他動作，以便吸收完整的訊息。
4.收訊者向發訊者表達自己的理解程度。
5.如果收訊者還不能完全瞭解，發訊者應該重申溝通的內容；如果收訊者已經瞭解，發訊者就可以繼續交談的內容，或是進行新的話題。

以上的交談過程並不是在一個不受任何因素干擾的情況下進行的，任何一段對話必有其來龍去脈，前因後果。舉例來說，如果有兩個人已經激烈爭吵過一段時間，有一方說了一句：「嘿，你給我聽好！」另一個人卻氣得滿臉通紅，開始罵髒話，相信路過的人聽到了，一定覺得很不可思議。

假設雙方的交談並非一對一，而是在一個六人會議中進行，發

溝通是一門複雜的技術與藝術

訊者若要讓在場的每一位收訊者同時收到同樣的訊息,問題顯然更複雜。此外,如果雙方並不是面對面的交談,而是占據電話線的一端,根本看不到對方的表情動作,那麼想要良好溝通更是不容易。溝通是一項複雜而又費時的工作,不過你可以逐步瞭解溝通的方法,並學會如何使溝通有效能。想瞭解溝通的方法,首先就必須找出影響人際溝通的障礙,並設法加以解決。以下詳述一般會發生的溝通障礙。

二、溝通的障礙

想要打破溝通的障礙(無論你是發出訊息或接收訊息的一方),你可以先從觀察周遭的情景、分析障礙的特性開始。分析的過程可以幫助你瞭解:人與人之間難免有溝通上的障礙,因為我們並非為了溝通而活;可能發生的障礙有哪些?這些障礙對你會造成什麼影響,正面或是負面的?這些障礙對對方會造成什麼影響?瞭解上述的意涵之後,你就可以開始進行人際溝通過程中最重要、也最艱鉅的工作,進

而試著打破溝通的障礙。當然我們不可能完全排除障礙，不過瞭解障礙的本質並接受它們存在的事實，有助於你克服這些困難，超越障礙以利溝通進行。

如果你能找出形成障礙的因素，它們就可能不再是干擾，反而成為訊息組成的一部分了。在以下的討論中，我們將探討最常見的人際溝通障礙，包括溝通間斷、溝通時間限制與不當、對溝通主題不夠瞭解、過去經驗的影響、雙方距離的阻隔、雙方地位（階級）差距、對主題缺乏興趣或過分關切、雙方事先的預期以及收訊者個人的期望。

(一)溝通間斷

溝通受到干擾而突然中斷或是被不斷地干擾，當然會形成障礙，而且這些情況在溝通過程中會發生許多次。以下是一些常見的例子：

你正在看一份營運報告或是提案，秘書或助理走進來和你講話。你把注意力從報告上轉移到他所說的話（當然囉！報告上的文字怎麼會比同事當面傳達給你的訊息更迫切？），然而這麼一來，你的閱讀動作就被打斷了。

＊　　＊　　＊

你正在和一家旅行社的業務人員談事情，秘書去拿資料離開座位，這時候電話鈴響了。不管你接不接電話，你和業務人員之間的溝通已經中斷了。

＊　　＊　　＊

開會時，你正在說明新的促銷案。有個坐在前排的人舉起手來想發問，無論你要不要停下來讓他發問，他已經造成你（發訊者）和與會者（收訊者）的干擾，因為分散了你的注意力，而與會者也會猜測你要不要回答問題；如果要，你會如何回答？

＊　　＊　　＊

　　你正與一位前來應徵工作的人面談，忽然間窗外傳來競選的宣傳噪音或是垃圾車的音樂聲。就算你們兩人禮貌性的不去注意外面的騷動，盡力集中精神，但實際上注意力與心情仍然受到干擾。你們的溝通之中出現了新的障礙。

　　各種大大小小的干擾，尤其是日常工作環境裡的一些噪音（例如文書處理機、印表機、傳真機、電話鈴聲、其他同事的交談聲等等），經常會打斷我們的溝通；日常生活中這些干擾無所不在，我們很容易忽略這類的障礙。不過請記住，任何擋在發訊者和收訊者之間的事物都是溝通的障礙，就算它不會完全阻隔訊息的傳遞，也會扭曲訊息的內容。想消除這一類使溝通中斷的障礙，你必須先體認它們的存在，不要刻意忽略這些干擾因素。如果你在溝通時被打斷了，在繼續交談下去之前，應確定雙方都完全瞭解剛剛所交換的訊息。受到干擾之後，你可以向對方表示溝通已經中斷，再重複一次剛剛說過的話，確認對方和你一樣瞭解情況。你可以說：「在我們的交談被打斷之前，你正好說到，新進的那位員工很積極地蒐集競爭者的產品與服務資料，表現出很強烈的進取心。對不對？」如果你在閱讀的時候受到打擾，等打擾消失之後，你可以重讀剛剛讀過的最後一、兩段。如果以上幾個建議行不通，或是干擾很嚴重，無法繼續溝通，你應該重新安排面試、閱讀或寫報告的時間。

(二)溝通時間限制與不當

　　時間壓力（無論是你或對方的時間限制）和溝通中斷一樣，都是常見的人際溝通障礙。人際溝通並不是某個時間片段中的獨立事件，它與過去、未來的事件必然有關聯。商場上，每個人都很忙，你與某個人交談的時候，很可能無法把下個鐘頭、明天或下個星期該做的事完全拋諸腦後，對方也是如此。

　　如果你是在主持會議，時間壓力所引起的溝通障礙就更不容易排

除了。除非你不斷地環顧全場，注視每一個與會者的眼光，否則一定有人會心不在焉，神遊到另一個時空去了。

時間限制與溝通中斷不同的是，有時候我們可以忽略或忘記時間壓力所形成的障礙。如果你說：「這個會議進行得太精采了，我根本忘了時間！」對方聽了一定很高興。有經驗的會議籌劃者都知道，與會者最好是背對著時鐘。擅於磋商談判的人都知道，有時候讓對手面對時鐘，會使談判進行得順利一點，因為時間的壓力可能迫使對手做出讓步與妥協。

如果你是發出訊息的一方，你應該經常注意對方是否焦慮不安，是否有時間上的壓力，因為畢竟這不只是他的問題而已。你可以說：「我注意到你在看錶，我不怪你。如果我們專心地討論這個問題，大概再十分鐘就可以解決了。」另外，我們也可以在溝通開始之前就訂好時間的限制，以免時間壓力影響了溝通的成效。「我們這項會議要開三十分鐘，我知道大家都希望遵守時間。所以，瑞國，麻煩你在還剩五分鐘的時候，做個手勢提醒我一下，好嗎？」這個策略對在場的每一個人大概都會產生很好的效果（也許除了瑞國以外，因為他必須注意時間，而無法專心聽你講話）。

還有另外一個方法可以消除時間限制所造成的溝通障礙，那就是事先審慎地訂定工作進度表。不要把你的進度表訂得過於緊迫，最好是留點時間來應付無可避免（但通常是有所幫助）的干擾——有些意外的干擾的確可以讓你得到解決問題所需要的資訊。如果你能訂定一個高明的工作進度表，你一定能在限制之內擁有充分的時間完成工作；並且在盡到職責的同時，兼顧效率、經濟與最重要的和諧。

(三)對溝通主題不夠瞭解

對談論的主題不夠瞭解，也常造成發訊者與收訊者之間的隔閡。當收訊者因為不瞭解而不知道你說到哪裡時，他的反應可能很耽心，

急著填補腦中的空白。這裡的情況一旦發生，他便不再是一個收訊者了。我們很難開口告訴別人：「我不瞭解你說的是什麼意思？」，然而作為一個接收訊息的人，如果我們不明白地表示自己是否聽懂了，我們就沒有盡到應盡的責任。當然，有時候我們自以為瞭解了，事實上卻不然。有許多聽別人說話的人，即使不懂也會不斷地點頭稱「是」，該問問題的時候又錯失良機。這是不成熟的、不負責任的表現，同時也會引起極大的麻煩。如果我們不懂裝懂，以不完整的資訊去進行上司交付的工作，等於自掘陷阱，放棄問題與工作主導權，因而不再有能力控制全局。等事情出了差錯，除了自己之外，我們還能怪誰？

從另一方面來說，如果我們是發出訊息的一方，我們有責任知道自己在說什麼。此外，我們也應該仔細體會對方是否瞭解我們所說的一切。如果我們在說話或寫報告時留下一些空白，沒把訊息完完全全呈現出來，收訊者很可能會迅速以自己的假設、成見或理解（也許和我們的理解截然不同）把空白填滿。如果我們一開始傳送出去的訊息不完整，對方當然不可能接收到完整又正確的訊息。

(四)過去經驗的影響

如果一個人根據過去的經驗進行人際溝通，他的問題可能是對談論的主題瞭解太多，而不是太少。身為溝通者，我們難免會把以往所吸收的訊息累積為一個經驗。當我們和同事交談或寫報告呈交上級（甚至是在和任何人溝通），不要忘了，我們正以過去的經驗過濾或是簡化我們的訊息。當我們開會、閱讀或聽別人講話時，也不要忘了，我們對主題的瞭解說不定會阻礙我們吸收新資訊的機會，因為我們很容易根據自己所知道的內容，加上我們自己的假設和偏見預先推測，反而會因為得不到完整的訊息而做出失真的判斷。

如果你是發出訊息的一方，在溝通之前必須做好準備，儘量瞭解對方的處境與狀態。他們對於主題已經知道多少？他們的背景如何？

有過哪些經驗？因爲這麼一來，對方在溝通過程中的質疑就減少了。例如你說：「我相信這項產品很接近你們的需求，不過這兩種設計之間有幾項主要的差異，我想你應該會有興趣知道的。」這麼一說可以省掉他打岔的問句，如：「沒錯，不過你這項新產品不是我們需要的產品？」如果你是接收訊息的一方，你應該等到對方把完整的訊息說完之後再做評估，也就是說，在他說話的時候，你只要發揮集中注意力的能力，而不必分析。當我們閱讀或傾聽他人說話的時候，只要我們一想到：「不，這樣不對……」，我們的注意力便不再集中，反而開始根據以往的經驗和知識，開始分析對方的話。我們應專心聆聽，就像你在重複對方的思考過程一樣，而不需要急著反駁他的論點，因爲這只是討論並不是一場辯論。

(五)雙方距離的阻隔

在不能與他人面對面溝通的情況下，距離也是一種障礙。當你講電話時，你無法觀察對方的表情。當別人翻閱你的報告時，你也無法直接敲桌子叫他專心看。如果你在一個可以容納一百個人的室內做簡報，你大概很難和最後一排的人直接溝通。克服這項溝通障礙的重點，同樣是先要體認因距離造成的溝通困難，進而加強你所能控制的溝通過程；例如講電話的時候，比平常交談更集中注意力來傾聽；寫報告的時候盡可能條理分明，即使讀者跳著看，也能瞭解最重要的訊息；閱讀的時候，能說出（至少告訴你自己）訊息的內容是什麼。

(六)雙方地位（階級）差距

當你在工作上與人溝通時，你不可能忘記自己的職位，同時你也必然會注意對方的職位以及你對他們身分的觀感，這些都足以造成溝通的障礙。如你的主管對你說話的時候，你總會覺得他是上司；當你和部屬溝通時，就算你很善於處理人際關係，也無法讓雙方忘記職位的差距。這種感覺會使工作上的人際關係變得比較複雜。

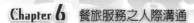

如果你是從公司基層人員直接升上來，現在負責管理以前和你屬於同一階層的同事，這種因職位高低而造成的距離感將更加顯著。

個案6-1

溝通級距

現在杜撰了一個組織——168公司，一個供應餐食的中央廚房。雖然這只是一個假設的公司，但其中所探討的問題卻普遍存在於公、民營企業、服務業、製造業、你的公司，甚至你的競爭者。以下兩段對話的主題相同：如何在材料供應不佳期間將公司產品送交零售商，但由於對話者在公司的職位不同，對話內容也不盡相同。

美玲（生產部主任）：希平，這個禮拜以來，我們什麼東西都做不出來。快煩死了，我想把這種情況告訴蕾莎，不然我們該怎麼辦？

希平（基層員工）：告訴我材料在哪裡，我就去加班趕工。我也想趕快把這一大堆訂單處理掉啊！業務部那些傢伙一直把訂單堆進來，我根本沒辦法解決嘛！

蕾莎（管理部經理）：請進。美玲，妳有什麼事嗎？

美玲：蕾莎，我們現在碰到一個相當棘手的問題。生產部運作正常，效率良好，可是我們的材料卻不知道在哪裡。你想我們該不該把這種情況告訴哈里斯先生，請他考慮改用其他廠牌的材料呢？

以上這兩段對話中，美玲都直接把問題提出來討論，但是蕾莎所收到的訊息形式上比較客氣，資料也較完整。而美玲對希平，一開始使用近乎責難的語氣說話，但接著以「我們該怎麼辦？」的詢問語氣，緩和交談的氣氛。希平對他的直屬上司美玲說話時，語氣略帶嘲諷，因為他覺得他可以當著她的面把工作上的挫折感發洩出來。如果蕾莎可以反映材料的問題，希平大概不會這麼直接而不客氣了，因為蕾莎在公司的職位畢竟比他高了兩級。

(七)對主題缺乏興趣或過分關切

對談論主題過分關心或漠不關心，都是相當嚴重的溝通障礙。如果接收訊息的一方對主題過分關心，他的反應可能會很類似一個對於主題過於瞭解的接收者：急切地提出問題與見解，然後發表評論。事實上，這樣的收訊者也許不很在乎發訊者接下來要說什麼，反而只是急著發表自己的意見。對主題過分有興趣的人，不僅在他與發訊者之間造成了溝通障礙，同時也會干擾在場的其他收訊者。舉例來說，其他人可能會覺得：「我是不是錯過了什麼訊息？正忠到底有什麼好興奮的？」，或是「佩珊幹嘛不閉嘴？我想聽清楚寶哥想說什麼。」，或是「嘿，凱勳談到這件事時可真來勁啊！」正在聽話的人心裡興起一些與溝通訊息無關的念頭，都會影響溝通的進行。

消除這項障礙的方法不少，其中之一是承認這種情況已經發生。例如，你可以婉轉地說：「我發現亞萍有很多新的意見。亞萍，接下來十分鐘請妳來主持討論吧！」，或是「我們把問題留到最後十五分鐘再研究好嗎？」

如果你正在聽別人說話，心中卻同時想到一些問題和批評，你極可能會把注意力轉移到自己的意見上，因為等一下你還是可以想起你的問題和意見，再把他們提出來討論。有時候接收訊息的一方對主題實在沒有什麼興趣，因為他有更重要的事要辦（也許急著去解決其他問題或處理其他的事情），或是溝通的主題實在很乏味。而如果溝通的雙方都覺得主題很無聊，情況就更不樂觀了。如果在溝通過程中你扮演的是收訊者，而你對於討論或閱讀的資料又不是很有興趣，你不妨提醒自己，接收訊息的目的是獲得一些對自己有用的資料：你可以趁機吸收你所需要的資訊（也許主題乏味無趣，但是你總是可以從中得到一些有用的訊息）；不然就當作你只是在專心聽對方說話，以取悅對方也可以。當然，如果公司董事長與你交談，最好不要心不在焉。

談話時分心於其他事物，有礙於溝通的進行

　　值得注意的是，其實溝通內容比溝通過程重要。即使溝通的主題非常有趣，我們也常因為過程無聊而分心，但如果一篇報告裡盡是冗長而枯燥的句子，和咬文嚼字的長篇大論，那就難怪讀者看不下去了。同樣地，如果發訊的一方只是以平板的聲調不停地張嘴閉口，他並不是在溝通訊息，他只是在自言自語罷了。

　　如果收訊者對主題真的提不起興趣，他的責任是不停地提醒自己：「我如何利用這些訊息？」，然後強迫自己全神貫注地溝通下去。而發訊者的責任則是盡可能簡化過程，減少對方所受的「折磨」。溝通的本意應該是雙向交流，要做到雙向交流，就應該使用對方聽得懂的語言。以自己慣用的方式、語氣也許可以令對方留下深刻的印象，但是這種行為充其量只是單向表達自我，絕非雙向交流。

(八)雙方事先的預期以及收訊者個人的期望

　　在人際溝通的過程中，無論你覺得多麼乏味無趣，都可以找出一些對你有用或你所需要的訊息。這麼做可以幫助你打破因缺乏興趣所

造成的溝通障礙，然而這種行為卻也會擴大為另一種障礙——因個人的需求使得溝通過程受到干擾。進行溝通的雙方除了交換或傳遞訊息之外，通常都還夾雜著個人需求和期望。有的人明白表示自己的期望（「如果我們這個企劃案被採用，我就升官啦！」），有的人只把這些期望放在心裡（「如果下次休息的時候我舉手發問，總經理說不定會注意到我！」）。

個案6-2

對溝通過程的預期心理

在數不盡的人際溝通過程中，我們預存的期望經常會落空。以下這一段佳佳和漢強之間的談話，就是一個很好的例子：他們因為彼此心中已有預先的期望，以致於對話出現猜測與調整的現象。

佳佳：漢強先生，你讀了我那份資料沒有？（她對自己說：我知道他一定不滿意。）

漢強：嗯，我看過了，我覺得有一點……

佳佳：關於經費與人力的部分，請讓我說明一下。我相信只要稍作修改，一定可以符合你的要求的。

漢強：……太棒了！事實上，這是妳寫過最好的一篇報告。經費與人力有什麼問題嗎？

佳佳：（她對自己說：你看吧，我就知道他不喜歡。）這些問題很複雜，我再拿回去改一改再送過來好了。

漢強：沒問題。一個禮拜之內改好送過來。（他對自己說：也許這篇報告沒有我想得那麼好。）

我們心中會預存期望是無可避免的事實。在溝通的過程中，你會
希望你所認識的對方表現出你所期望的反應。由於你的期望，你很有
可能以不同的方式將同樣的訊息傳給不同的人。例如你想請假早退，
雖然是同一件事情，但是你告訴同事、部屬、上司和家人時所用的字
眼和語氣卻大不相同。

(九)選擇性的認知、偏見與假設

每個人都會讓以往的經驗、本身的想法和感覺介入人際溝通過程
中。我們難免會在某些議題上堅持自己的立場，因為我們已經做好決
定，不需要也不希望接納新的資料。我們接收到的新訊息常會被個人
的原則、道德標準和個人信仰所扭曲或主導。因此，一個想法閉塞的
人不太容易克服溝通的障礙。如果我們每次都事先想好自己對某種訊
息應有的反應，如：「好吧，我聽你說，不過我可不會妥協喲！」，
或是根據對方外在的條件，預期他會產生的反應，如：「哼，我就說
嘛，像他這種年輕人（生手、男人、女人、醫生、律師……）還會有
什麼別的反應？」，那麼我們心中的偏見會嚴重地扭曲溝通的訊息與
內涵。

所謂選擇性認知（selective perception）是指我們只聽取自己想要
的，卻漏掉其他的訊息。例如在公司的績效評鑑上接受評鑑的人，經
常只聽到讚美與肯定，對於負面的批評卻充耳不聞，直到上司責備他
為什麼不改進，他才想起有那麼一回事，或是才驚覺自己的角色。

最後我們要提醒讀者的是，由於我們思考的速度比閱讀、書寫、
聽話都快，我們常會不知不覺用心裡的假設把思考的空隙填滿。這是
相當不智的行為，因為我們的假設並非根據客觀資料，而是由自以為
是的片段資訊累積而來。

三、自我概念

所謂自我概念，是指你自己相信，同時也讓別人相信你是怎麼樣的一個人的整體概念。自我概念包括你自覺擁有的性格特點、個性、能力、各種技能、外表、口吻、語調等等。你所有的經驗都會影響並改變你對自己的看法；同樣地，你對自己的觀感也會影響你所做的每一件事。我們在前面也提過，無論你做或不做某件事，本身都是一種溝通，所以可以確認自我概念與溝通行為之間有非常密切的關聯。每個人從嬰兒時期開始，終其一生，不斷地從與他人交往的過程中發展出自我概念。我們和他人建立關係的同時，就會接受他們的評估，我們也會拿他們和自己做比較。人際之間的互動從一出生就會開始，我們的自我概念也開始反映出別人加上我們身上的價值觀。被父母看成討厭鬼的小孩子，和備受呵護寵愛的小孩子，當然會發展出不同的自我概念。這類的影響隨著我們成長不斷地出現：玩伴喜歡你或討厭你、老師欣賞你或忽視你、上司器重你或輕視你……。

(一)人際間的評估

非正式的評估經常出現在人際交往中。我重視你的意見，因此我請教你，仔細聆聽你說的每一句話。我的態度表示我認為你是一個有能力的人，因而產生信任，這就是我對你的（非正式）評估。每個人幾乎都是不斷地接受非正式評估；正式的評估則是每隔一段時間才會有一次。父母親會根據他們認定的兒童的標準行為，進行稱讚或處罰孩子。老師們也會以同樣的標準為同學打分數。僱主定期評估員工的績效，藉以決定是否給予升遷、加薪或是讚許。我們不僅受到他人的評估，通常也以兩個原則評估我們自己，這兩個原則是：我們心裡設定的標準（受他人強烈影響），以及與周圍的人相互比較。

(二)社會化與環境的比較

社會學家指出，人類需要社會比較。也就是說，我們需要拿別人和自己做比較，才能評估自己。尤其當缺乏客觀的行為標準時，我們更需要比較的對象。事實上，所謂客觀的標準也是由一群人（無論是不是現代的人）所設定的。經由比較做自我評估，也是一項人們一輩子不斷地進行著的互動過程。小孩子會對父母說：「別人都有啊！我也要！」；青少年會瘋狂地模仿同年齡朋友的行為；一位中階主管第一次參加資深主管會議時，會仔細觀察別人的言行舉止；這些都是比較的過程。如果你和同一群人一起工作了好幾年，你不妨仔細回想，把他們和以前做個比較，同時看看你的行為和態度改變了多少。曾經有一位大四學生非常不滿他工讀的公司與其他企業的管理階層。他畢業後在一家醫療中心接受一年的管理訓練，然後開始找工作，他對他的教授說：「我實在很訝異，我竟然很快就變成管理階層的一分子，甚至連我的態度也變得這麼快。」在他與公司其他管理者做比較的過程中，他逐步修正自己，讓自己越來越像他們。仔細想想，幾乎所有人都有過類似的經驗，自己會不知不覺得仿效當年那些曾經被自己批判過的管理行為。

(三)自我概念的持續性

每一個人的自我概念中都有一個相當穩定的核心價值的部分，核心價值中的基本自我概念如果會改變，也是以緩慢的速度進行著。然而，我們生命中發生的某些重大事件，例如戀愛、結婚、失業、迎接孩子出生、親人變故、遭遇天災等等，都會促使我們調整對自己的觀感。這些經驗對自我概念的影響有多大，就要看你和你所重視的人如何評估這些事件的結果。對一個換過好幾種不同工作的人來說，失業可能是家常便飯；然而一位在同一家公司工作二十幾年的資深員工被

解聘，對他可能是非常嚴重的打擊。

在基本的自我概念之外，我們對自己的看法也許會受到日常生活中的小事累積影響而有所變動。即使是一位最有自信的管理者，也會因為計畫失敗所造成的挫折感，而暫時懷疑自己的能力。一個十分肯定自我的人，對自己的看法比較不會有劇烈的變動，因為他有堅定的信心；而一個不敢肯定自我的人，常常需要別人的支持和讚許，他才會覺得自在。

(四)如何培養積極的自我概念

如果你擁有正面積極的自我概念，你在生命中的每一個方面都可以表現得更好。只要你覺得自己很重要、有能力、受人尊敬，你習慣會以肯定（而非否定）的態度去面對周圍的人事物。一般都認為，以積極的態度面對生命的人，他的身心都相對較健康。一位管理者具有積極的自我概念才有能力協助他人及部屬成長、發展。肯定自己、肯定他人，你就更有可能成為一位成功的管理者。你不妨看看在你上面的管理者（除非你已經無法找到比較對象），把他們分成兩類：第一類是專斷跋扈、令人討厭的頂頭上司；第二類是自信開明、具有領導者氣度的管理者。現在開始培養積極的自我概念，可以幫助你有機會成為第二類型的管理者。以下是三種積極的建議，提供讀者參考。

◆與積極的人經常接觸

盡可能與態度積極的人多交往，觀察他們如何與別人溝通及如何生活。積極的人經常提到生活中美好的事，經常討論解決問題的方法。他們充滿活力、令人覺得愉快。他們的聲音生動有趣、表情活潑豐富。即使他們嘆氣皺眉頭，也一定有合適的理由。他們不會讓心情不好會變成一種習慣。正如馬克吐溫所說：「你想多快樂就可以多快樂！」

◆保持積極、樂觀

　　就算你周圍的人都很消極，你也要盡可能地保持積極樂觀。舉例來說，你每天上班的路上都會和一位同事打招呼，你每次問他：「你好嗎？」他就回答：「還不是老樣子。」那麼以後你只要招呼一聲「早安！」，接著繼續走下去就行了。毫無疑問地，你一定會發現我們平常難免會碰上消極、悲觀的人，也許是家人、同事，也許是隔壁鄰居。如果你聽到有人抱怨一件任何人都無法改變的事實，記得在心裡提醒自己這個重點。當然你有時會碰上你應該生氣、應該採取行動的狀況，不過要改善不公平的待遇，或解決真正的需求，都必須付出相當大的努力。你的原則應該是：你可以試圖理解內容，卻不必加入抱怨的行列，因為於事無補；你可以設立自己行為的指標；你可以堅持自己的快樂基準。

◆建立自我交談的習慣

　　有一種方法可以控制你的態度，那就是練習跟自己交談。自我交談是一種把日常生活的經驗告訴自己的過程，訴說的過程必須將內容

以積極樂觀的態度面對問題，迎向挑戰

重新組織與整理。挫折是否會貶低一個人的自我肯定？或是提供自我一個學習的經驗？能否建立自我交談的習慣是個重要的因素。

大部分的自我交談是不出聲音的，不過有時候也可以大吼出來。無論是有聲或無聲，自我交談的內容大多是你對自己或工作表現的感覺，例如：「我真是個笨蛋！」、「我做得棒極啦！」、「你真的很無理！」；也可能不斷地以自我交談責備自己的失敗，而這也會產生極大的殺傷力，或是引發再度的失敗。犯了錯誤以後，有人會說：「我就是這麼差勁。」，但也有人會說：「我搞砸了，這次的經驗讓我學到什麼教訓呢？下次不會了！」。你不妨把自己在一個禮拜之內的自我交談記錄下來，然後看看你自我交談所說的話大部分是不是積極樂觀的。如果不是，想想看，你在當時的情況下是不是可以說別的話，然後把那些話寫下來。

某公司的公關經理湘婷，有一天傍晚在公關部員工都下班之後，才發現她必須發一份新聞稿。她用辦公室的個人電腦把稿子打好，要列印時才發現個人電腦的印表機壞了。她從容不迫地輸入一個指令，把列印工作交給中央電腦系統的大印表機，結果她打完指令後印表機絲毫沒有反應。她心裡想也許她在匆忙之間打錯字了，於是又把指令重打了好幾次，還是不行。最後她決定把電腦使用手冊找出來看看。經過了十分鐘的尋找，她才找到手冊。查看列印的指令之後，終於發現，原來她記憶中的列印指令錯了一個字母。在那一剎那她可能會自言自語的說：「這些機器我總是弄不好」、「我東西都亂放，電腦手冊應該要放在固定的地方。」不過，事實上她說的卻是：「這樣實在很浪費時間。明天我要叫斐兒把個人電腦幾個常用的指令用張紙記下來貼在螢幕的旁邊，免得臨時想不起來。對了，我還要記得，明天要向斐兒說聲謝謝，她平常發新聞稿和辦事的效率實在很不錯。」這樣的自我交談使得湘婷注意到更方便的做事方法，同時也使她想起秘書的辛勞，而她自己正面積極的自我概念也不會受到否定。

四、專業的發展

　　現代人的自我期許通常會反映在事業的表現上，因此就會影響你的日常行為。這種情況在日常生活中處處可見，例如你的公司僱用你或提升你的職位，希望你達成某些目標，於是你全力以赴，每天克服許多難題，做很多決策。而下了班之後你也會有不同的角色、不同的責任，像社區管理委員會主任委員，以及為人子女、父母。你很清楚別人認為管理委員會主任委員該做哪些事情，於是你下了班以後還要主持住戶會議；同樣地，你也知道這個社會對父母親的期望是什麼，於是你照顧孩子、滿足他們的需求。其中大大小小的期望都會影響我們的日常生活。不過，你也許還沒注意到，這些因素都連帶的會限制我們的發展。限制我們發展的因素有哪些？你自認能夠或是不能夠完成某些事情的想法，會不會形成一種限制？你希望你在事業上達到什麼樣的成就？從現在算起五年之後，你希望自己會在哪裡？在做什麼？十年之後呢？到你五十歲的時候呢？退休的時候呢？請你現在拿出記事本或日記，寫下你的答案。

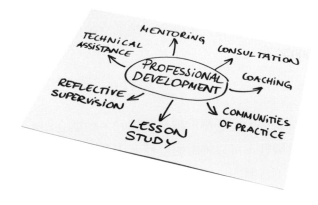

設定目標，持續學習，提升自我專業

足以影響一個人一生的期望究竟是從哪裡產生的？在很多例子裡，一個人相信自己能夠成功，這個想法來自於別人的鼓勵，或是別人立下的典範。舉個例子來說，有一群小孩子在工業區裡長大，大家都認為他們以後一定會和父母、鄰居一樣到工廠裡去當工人。如果這就是他們的人生目標，毫無疑問地，他們的一生便是如此。然而，也許有些人就是希望脫離原來的生活方式，想做其他的工作，但是卻覺得那是不可能的。另外，有幾個人決定從事其他的工作，而這個做法雖然招致朋友和家人的批評，他們還是做到了。為什麼？很可能在他們成長過程中，有一個人（也許是童子軍隊長、老師、朋友或親戚）告訴過他：「你以後可以當護士、經理、太空人，或是任何你想做的事。」一旦這樣的想法定下來，就很難再更動了。

(一)突破期望帶來的限制

很多人探討過如何打破外在因素所形成的心理限制，也有很多人證明過，權威人士所說的話常會影響一個人的一生，開發或是限制了後者的成就。某報社資訊化以後，開始聘用大批的輸入人員，廠商派員前去訓練負責操作這套機器的員工。負責訓練這批員工的人說明，在正常的情況下，他們一天可以輸入大約20,000字。新機器使用了兩個星期以後，據統計，一個月後，報社僱了幾位新員工，但沒有人告訴這些新進員工一天應該輸入多少字，幾天之後他們每個人每天竟然可以輸入35,000字。

(二)設定目標

首先，為你自己設定目標，越具體越好。短期立即可實現的目標最好，也較具挑戰性，可以將短期目標與中長期目標加以區隔。基本上，一般人在訂下具體的目標之後，就會直接面對兌現的壓力，這些目標最好有一些根據，而非憑空而來。

(三)預估未來

　　想像你自己達成目標之後會變成什麼樣子，生活將會產生哪些變化？你最先想到的是什麼？專屬的私人辦公室？豪華的大假期？一輛更高檔的新車？想像之後，請你把這些美好的畫面編上實現的日期之後建檔。現在讓我們回到現實生活裡吧！看看明天的情形。你明天要做什麼？你希望自己看起來是像什麼樣子呢？也許明天你見到辦公室那位急性子的協理時，記得要向他微笑。會議時間到了之前，可先到室外走走讓自己充充電。還有，那封你因為某些原因未回的信，也該寫了吧！有一個重要的電話還沒回，準備好了要怎麼談了嗎？你可以在心裡想像你可能會碰上的情況，不斷地想。到了臨睡前把這些畫面留在腦海裡，想像明天已經來臨，你充滿了信心，努力完成計畫中的工作。

(四)持續的學習

　　持續學習，做一個永遠的學習者。你不妨每天讀一些與當天工作內容直接關聯的相關資訊，隨時吸收專業方面的新知。也許你是因為技術方面的專長而成為管理者，那麼你更應該隨時注意你專業範圍內的新發展，同時學習管理上的新技巧。此外，每天最好也讀一點激勵自己發揮潛能的文章，只要讀幾頁就夠了。每天看報紙、每週看新聞性雜誌，這都是必要的工作。你可以在圖書館和書店中找到很多增廣見聞、自我進修的資料。如果你忙得沒有時間閱讀，不妨利用上下班時間聽有聲圖書，利用時間學習。

　　向其他傑出的管理者認真學習，珍惜每一次與成功管理者交談的機會，仔細觀察他們的行為。專業範圍相同的成功者可以提供你具體而專業的知識；至於其他方面的成功者所提供的意見與特質也很珍貴，因為達到成功的原則與因素是相同的。

　　從他人的回饋中學習，你必須要求自己特別注意上司和部屬對你工作表現的評價。如果你希望獲得部屬坦率而有用的意見，你必須讓他們覺得不必對你有所隱瞞，可以誠實的說出自己的感覺及看法。當你聽到負面的評論時，千萬不要產生防衛性的反應；你不妨退一步想想：「我從他的評論裡可以得到什麼？」然後再把整件事情做一番詳細的思考。請記住：一個領導者不可能每件事都能討好所有人，你必須依據公司的目標、政策以及個人行為準則，來衡量你是否應該修正自己的行為。

　　試著從不同的角度審視你的工作表現，不妨常常問自己：哪些方面我做得最妥當？我最大的優勢是什麼？我要如何改善缺點？哪些特性最能幫助我達成目標？我的特質對我的目標有沒有什麼幫助？改善自我概念，並使自己成為真正專業的人，士可以使你的工作更令人滿意，同時使你的夥伴對你更加信服。

五、專業形象

　　如果有一個穿著破爛、彎腰駝背、眼神慌張、行為猥瑣，身上散發著異味的人進了你們飯店大廳，服務中心的人會馬上靠近，然後詢問需求，立即處理。而如果是一個衣著光鮮、手提名牌公事包的人走進來，櫃檯人員的接待態度還會不會一樣呢？這不是歧視，而是正常的警覺性舉措與反應。

(一)形象的重要

　　只有政治家和媒體明星才必須注重形象嗎？錯了，無論你在不在乎，每個人都自然顯現出自己特有的形象。如果你能特別注意一下形象，你可以成為一個更有效率的管理者，甚至做任何事情都會比較得心應手。形象之所以重要，因為它反映出你是否值得信賴，以及公司

所賦予你的職權。

　　一位管理者是否令人信賴，端看他的工作能力、誠實正直的個性，以及與他人相處的能力，而這些特質多多少少都需要他人的肯定。你必須先說服某人僱用你，才有機會展現你的才能與個性；得到那份工作之後，你必須使周圍的同事相信你的管理才華、專業技術和個人能力。雖然形象並不足以取代這些特質或誠實正直的個性，但是得體的專業形象的確可以使你的才華與能力表現得更完整。

(二)第一印象與長期形象

　　就個人形象的影響力而言，第一印象比長期形象重要多了，我們通常都是根據所見所聞來建立對他人的第一印象。第一印象常有先入為主的效果。所以，如果你在某個宴會場合遇到一個喃喃自語、跟你說話時眼睛東張西望的人，你大概會對他留下不良印象，以後他若到你們公司來應徵工作，相信你一定記得他。然而，印象也是可以改變的。假設你的公司剛交辦你一項新的任務，但是與你共事的仍然是原來那一批人。你若想建立一個新的形象，最好是慢慢的培養，逐步表現出新的行為，以保持同事之間的友好互動。人們一向排斥快速的變遷，如果你一改往常被動、害羞的形象，突然變得果斷、主動、進取，那麼和你一起工作的人可能會產生戒心，與你保持距離。要是你同時改變外表、髮型、穿著風格，那他們和你接觸的時候，可能會很不自在。不過，從另一方面來說，如果你覺得修正形象是絕對必須的，你當然就得改變。只是你應該給周圍的人一點時間去適應，而這樣你也比較能接受全新的自己。

　　第一印象大多只建立在你看到或聽到的初步感覺上。就長期的觀點來說，你所建立的形象還牽涉到以下這些行為：肢體動作、手勢、臉部及眼部表情、外表、聲音、說話時的用字遣辭、講話的流利程度、對空間和物體的應用，以及對他人（同事或非同事）的體諒。

(三)重視禮儀與公開場合的舉止

適切的禮儀是專業形象的重要一環。很少有管理者故意對他人粗暴無理或不體恤他人，然而時間與職責的壓力卻經常使他們在無意中變成如此。無論在私人生活中或工作時間內，只要你出現在公共場合，就必須表現出非常合宜得體的舉止。仔細想想那些公共場合的禮儀，如社區的聚會、出差時拜會客戶等等。如果你是代表公司出面接待客戶，你的言行舉止，特別是介紹雙方和進餐時的禮貌，尤其重要。仔細觀察、模仿其他傑出的管理者所表現的行為，對你會有很大的幫助，待人接物最基本的禮儀，加上一顆體諒別人的心，就是你應付各種狀況的成功法寶。

(四)空間的運用

當你走進辦公室時，大概都可以一眼看出誰是重要人物。高級主管或經理的辦公室通常比較大，傢俱裝潢較為豪華，隱密性高不易受干擾。即使是中級主管的辦公桌，雖然隔間較小，但也足以說明辦公室使用者的職位。架子上的書、獎牌和牆上的專業證書，都可以使人瞭解這位管理者的專業取向；傢俱的擺設如果安排得好，也可以顯示出一個自信的空間。總而言之，管理者對空間的處理也是展現專業形象的一部分。

(五)肢體語言

挺直的軀幹、自然的手勢加上愉快的臉部表情，正是讓對方覺得你有能力、充滿自信的要素。交談時注視對方，可以表現出你有自信，也很重視對方，發展專業技能，同時維持積極的自我概念，可以使你建立真正的信心。如果一個緊張不安的人試圖裝作很有自信，他不但不能給人留下英挺自在的印象，反而看起來非常僵硬、笨拙；更糟的是，不自然、不協調的肢體動作很可能令人產生重大誤解。

適當的肢體語言更能顯現自信與專業

　　某些手勢與動作的確可以表現出權力與支配力。兩手張開，指間輕觸成尖塔狀；兩手放在腦後，身體後傾；站起來以輕快的腳步走一走；輕輕碰觸對方；這些都可以讓人覺得你強而有力，又有自信；但在緊張、有壓力的場合中應該避免這些動作。

　　表現信心與力量的行為包括挺直身軀、手勢平穩、眼睛正面接觸；顯示出沒有自信與缺乏力量的行為則包括眼睛閃避對方、手勢不自在、雙手緊張交纏以及不由自主地舔嘴唇。

(六)聲音

　　即使一個人能用動作和手勢掩飾自己的緊張與缺乏自信，聲音還是很有可能會洩漏他內心的祕密，因為聲音比較不容易控制，雖然聲音裡的某些情緒難以分辨，但積極和消極的情緒表現出來的聲音卻是截然不同。很難向你說明怎樣的聲音才是最理想的聲音，不過你一旦聽到就能夠確定。很多種不同的聲音都可以令人接受，但是鼻音太重、太尖銳、有氣無力、聲調平板、緊張顫抖都會給人留下不好的印

象。說話的速度適中而且流利，可以幫助對方瞭解談話的內容，並顯露你有能力、有見解。偶爾停頓與重複一兩個字都沒有關係，但是太多哼哼哈哈（然後、然後、然後……），咬字又不清楚，對方會聽不懂，也不把你說的話當作一回事。在適當時機稍作停頓，或在提到重點時讓聲調柔和下來，不但可以強調重點，也可以顯示出你的能力。在回答問題之前稍作停頓，很可能讓對方懷疑你的能力，你寧可立刻告訴對方你必須先想一想這個問題，也不要讓沉默橫阻在你們之間。聲調的起伏高低會影響你想表達的意思，同樣一句「你好嗎？」，尾音的上揚與否，傳達出來的意義也不同。如果你想改變說話的聲調、表情、語氣等等，你不妨錄一段最喜歡的詩或報上的短文，然後仔細聽聽自己的聲音。請一位值得信賴的好朋友聽聽你的錄音，給你一些客觀的建議。只要你注意自己的聲音，再稍作修正，說話的聲音是可以改善的。如果問題真的很嚴重，你必須向語言治療師求助，或者接受專業說話訓練。

(七)外表

　　美國有一位在風氣保守地區就讀的研究生曾經懷疑，一個人的衣著、配件、外表修飾在商場上是不是真的很重要。他明白大家所普遍接受的說法，但是他認為也許只是在都會地區才會有這種情形，於是他設計了一個實驗：派不同的男人與女人（穿著不同）到不同的公司去辦事，並觀察對方的反應。實驗結果推翻了他的假設。不同的地區、不同性質的公司，對服裝、外表的要求也不盡相同，但是無論如何，你的衣著、髮型、珠寶和配件的確很重要。值得注意的是，別人面對你不合宜的外表，通常會掩飾自己的反應，如果你不仔細觀察，根本不會發現這一點，因此你必須更加注重自己的外表，別輕易的被他人的態度給騙了。

　　如何以得體而合宜的外表提高你的形象呢？有些方法非常簡單：

節制飲食、適當的運動、添購新衣服等等。至於如何選購適當的衣服，你可參考書籍、找服裝諮詢顧問，或是請教服飾店的店員。不過請記得一點：你才是決定你的外表的人。而在決定如何打扮自己之前，最重要的是瞭解公司的風氣與整體潮流，並逐步修正你的個人品味，千萬不要一昧的抄襲他人的作風。曾經有一案例提及：一個極為肥胖的壯碩男子去應徵一個高階經理的職位，被問及有關體重管理的敏感問題，雖然觸及個人歧視的議題，但是體型（外型）的表徵如果不是源自於天生的原因，而僅來自於缺乏自我管理與制約，則較無專業說服力。起碼在第一次接觸時有此困擾。

(八)其他注意事項

關於專業形象方面的討論，我們最後要提出兩點重要的注意事項。第一，為了使溝通更有效率並表現出專業形象，語言與非語言的訊息必須一致。如果有位同事對你說：「好，我現在有時間可以和你談談。」同時卻看看時鐘、匆匆忙忙地整理東西，你大概不會相信他所說的話。當一個人所說的話和非語言的訊息不一致的時候，我們通常相信的是非語言的訊息。第二，非語言的行為並不代表固定的意義。例如，許多人認為把雙手交叉在胸前表示自我防衛；也許是如此，不過這也可能只是個人的習慣而已。你可能注意到我們在這一部分的討論經常用「表示」、「也許」等等不是很確定的字眼，因為例外的情形實在很多。

仔細觀察非語言的行為可以獲得一些有效的訊息，不過不要單憑一種行為就下判斷。考慮整個情況並吸收更多資訊，才不會產生誤解。當你具有職務上不可缺少的專業技術、個人特質與溝通能力之後，專業形象的建立可以使你獲得工作上所需的支持與力量，以及他人對你的信賴。你立下的典範和領導能力也會激勵部屬，使他們在自己的工作崗位上做得更好。組織與團體四處存在，而幾乎所有的溝通

活動與工作都在組織中進行。我們每天從起床、梳洗、吃早餐、開車出門、抵達工作場所，一直到展開一天的工作、解決一連串的難題與麻煩、工作中簡單休憩、收拾回家的心情，或是參加社交活動直至抵達家門為止，都陸續出現各種不同的溝通情節，也分別與不同的其他個體產生不同型態之互動式溝通活動。因此我們必須瞭解組織環境對人際互動與溝通之影響。

眾所周知的是，大多數的主管都知道成功的人際溝通技巧是經營成功個人生涯之必要技能，所以他們往往深知溝通技巧之於個人與組織之重要性。因此學習具有效能之專業溝通技巧也就成了所有擔任經營管理工作的人士必然研修之課程。

一個學習者的心情應當是全面地去學習溝通的技巧與方法，雖然我們不是在進入社會之後才開始接受溝通訓練的，在成長的過程中，也許你花了很多的時間來加強學習生活中的溝通技能，並求取專業的知識，卻沒有注意到人與人之間也有諸多的議題需要去留意。當與人相處出了問題之後，這才漸漸發現到——溝通訓練的工作著實應該儘快開始才行。

人類一出生就開始進入溝通的路程，嬰兒肚子餓了、渴了或是尿片濕了都會發出哭聲，作為訊號之表示，來得到所想要之一切物品。溝通使人具有力量是成功法則，但是就算大家都受過專業或是非專業之訓練，而且幾乎在清醒時刻都不斷地在與人溝通，但是沒幾個人能算得上是溝通大師。而且大家都不斷地藉著犯錯的經驗來增加溝通能力，培養溝通實力的同時，把握每次錯誤經驗中所得到之重點也是掌握溝通技巧的捷徑。身為管理者最容易忘記的事情是，我們多半只在意自己要與人溝通之訊息，卻常常忽略溝通對象一方之訊息內容的重點，也往往只在乎自己的情緒與狀況，而因為不能確實瞭解溝通對象之情況，所以難免陷入自以為是的窘境當中。

在這裡必須提出一個簡單的溝通重點因素——適切的溝通情境是

成功的要件。在雙方都無法確切瞭解對方的心意之前，如能設法建立一個雙方都感到愉悅的溝通情境的話，溝通的過程必然順利而愉快。反之，情境惡劣的不利因素往往造成無法收拾的誤解下場。「避免掃到颱風尾」之類的俗諺正是這種有趣的心情寫照。

第三節 溝通技巧之增進

一、養成具有說服力的管理形象

如果說「說服」是一種藝術，相信大家都不會反對。同時，說服也是一種彼此內力較量的過程，它是一件動態型的工作。管理下屬的時候，經常必須執行公司的政策，不論政策是否合宜，員工總是會有不同的看法出現，因此如要成功的執行所有的規定與政策，的確需要一些專業的溝通能力，而這些能力中包括影響力與說服力。說服上級或是公司同意增加人事預算與員額、說服員工放棄休假協助加班、說服供應商願意提前交貨或是繳款、說服董事會增加預算、說服下屬接受專業訓練、說服客戶增加訂單等等，都需要一定程度的說服能力來加以達成。

二、建立傾聽的習慣

專心注意的聽，完全解析所聽到的內容，解析之後的記憶歷程構成了傾聽的完整過程。不經意的聽與專心注意的聽，是有所區隔的。擦身而過的車輛聲、喧譁聲、大自然的聲音、人們的咳嗽聲、走道上傳來的腳步聲，尤其當你在專心做其他的事情時，是不會察覺到這些

聲音，或是被這些聲音所打擾。事實上，生活中不可能是無聲的、無干擾的，因此知覺到這些聲音的可能性自然降低了。而專心的聽著說話者的表情與態度是第一步，進而真正的瞭解對方想要表達的意思，傾聽的最後階段則是開始記憶整個理解的歷程，並且回憶傾聽的心得。學會如何傾聽他人的說話，溝通的品質就可以提高。而之所以有那麼多人不知道如何傾聽他人說話，是因為他們相信聽別人說話是與生俱來的本能，沒必要多理會。其實不然，傾聽是必須學習得來的。想要達成高效能的管理溝通工作，必須先培養積極傾聽的能力，其方法如下：

(一)設法改善客觀環境

噪音、光線、光源與有形條件，如舒適的座位與適當的距離、位置、方位等，以及避免不當的打斷與干擾，以確保溝通的進行。

(二)調整生理與心理狀況

情緒是主觀的影響因子，人們經常因為自身的情緒狀況之好壞而影響談話溝通的內容。而不良的身心狀態是絕對不利於溝通的進行，當一個人身體不舒服或是生病時，必然對溝通的品質造成影響，如身體疼痛、暈眩或是身體虛弱時，人的精神狀況當然較差，如何能與人順利的完成溝通過程。所以如果希望提升溝通工作的品質，雙方都有責任將自身的身心狀態調整到最佳程度。

(三)聽與說之間需要彼此配合

人往往習慣將訊息單向的傳至對方，而忽略了對方是否成功的接收到自己所傳出的訊息。所以接收訊息者在溝通的工作上也有責任，配合良好的雙方才有正確溝通的可能。

(四)聽取完整之後再做出反應

事情聽到一半就武斷地做出反應,是不禮貌的表現。除了禮節問題之外,它會失去接收完整資訊的機會,沒有聽完整,是無法作出正確反應的。

(五)視情況變化再行動

談話的對方之心情狀態也很重要的,當一個人在情緒非常低落的時候,或是遇到重大事件之後,是不利於傾聽進行的。傾聽與閱讀一樣,都需要因目的及所欲吸收的材料之困難度而調整專注程度。我們對於訊息的專注程度會因娛樂、學習或瞭解程度、評估或批判而有所不同。當目的在於娛樂時,則不須太專注於傾聽。一般人在閒聊時是輕鬆的,所以也就有很多人把許多輕鬆的情境當成是在消磨時間,但是高明的溝通高手是總能用心傾聽那些看似毫無意義的閒聊內容,組織後再運用於溝通工作中,所以情境的差異是管理者必須面對的溝通變數之一。

專心傾聽,掌握說話者表達的重點

三、運用語言的力量

身為一位管理者，你必須把話說清楚。這個道理聽起來很簡單，但是要讓別人瞭解你的構想與思緒，通常都不是一件很容易的事。如果你的部屬誤解了你的訊息，他們可能會浪費時間、犯下錯誤，甚至引發危機。而如果他們後來發現，要瞭解你的意思是一件很困難的事，那麼他們最後也會漸漸放棄。如此一來，你們之間的溝通管道就消失了。因此，建議所有管理工作者必須瞭解語言的力量與意義，平時就盡可能儲存一些有用的語言資料庫，準備一些在溝通時需要的清晰詞語。人類的語言之力量是無法估量的，所以運用語言的管道是基本的生存要件。而且經常在一起工作的人才會瞭解個人的用語有所不同。為了使對方盡可能瞭解，你必須因人、因地、因時之不同，慎選所應採用之語言。

四、避免肢體語言的誤解

肢體語言有眼神接觸、面部表情、姿勢、手勢和姿態（體態）。一個善用肢體語言的人，可以成為一個生動的溝通表達者，但是肢體語言的運用是非常難以掌控的，由於標準不一，經常造成誤解，加上文化層次、社會風氣，甚至個人因素等，都會影響肢體語言的表達功能。一不小心，肢體語言也會變成不必要的誤解與形成另一種障礙。例如性暗示、性騷擾等問題的產生就是最佳例子。但不可諱言的是，一個人擁有挺直的軀幹、自然自在的手勢，加上愉快的臉部表情，是會讓人感到一股自信與能力的力量。交談時能和悅堅定的注視對方，可以表現出你有自信，也很重視對方。發展專業技能，同時繼續維持積極的自我概念，可以使你建立真正的信心。如果一個緊張不安的人

試圖佯裝很有自信，不但不能給人留下正面良好的印象，反而讓人覺得僵硬又笨拙，如果再加上不自然、不協調的肢體動作，更會讓人覺得你不夠尊重他們。某些手勢與動作的確可以表現出權力與支配力，但那些肢體語言的運用是不容易學來的。一位管理者最好避免用太多的肢體語言來代替正式的語言溝通，應儘量使用明確的語句或是文字的表達方式來傳達訊息，使部屬能透過單純又穩定的方式得到上司所要傳達之訊息與意願，以利任務之完成。

第四節　時間管理與人際溝通

一、管理時間的觀念

如果有一個員工永遠都有做不完的事、加不完的班、趕不完的工作，這是很大的管理危機，因為那表示有兩種可能：一是他被不公平的對待著，他與其他的員工工作分配不當，這是單位主管的錯；二是他必然是一個低效能的員工，完全沒有效率的觀念，缺乏時間管理變成他們失敗的原因。

在服務業的管理上，時間的掌握是無比重要的，不能掌控時間的服務是無法創造高服務品質的。所以建立正確又有效率的時間管理是必要的課程，作為一個管理階層，面對一群有服務技能與專業能力的基層員工時，在領導管理這些部屬時，必須將時間的掌握視為重要任務之一，只有把握在第一時間內完成指派的服務工作，才有服務品質可言。試想：選擇「得來速」方式購買餐食的顧客，必然最在意效率與速度。在這個情況下，服務品質的第一步就是即時完成服務，否則再怎麼好的服務也是空談。

二、時間觀念與溝通

在理想的服務品質文化裡，員工應將他與顧客之間的關係建立在尊重對方權益與重視雙方立場的前提上。品質文化的基本意義是創造消費與業者雙贏的結果，不管組織大小，就算是小到只有一個部門，或是大到整個組織，最簡單的經營哲學為：「所有與基本關係群體相關者，都需經由整體的合作來達到組織之最高目標。」所以，在有效的時間範圍內從事高服務品質之服務工作，是雙方都能接受之合理架構。也相信所有從事服務工作的成員都能在預定的時間範圍內完成所有服務程序，因此，「時間因素也關係著服務成敗」是不容懷疑的。

三、與顧客之關係

「顧客」是指享用組織服務的對象。傳統上只要不是組織中的人都可以是顧客。組織中有一部分人的角色是負責與組織以外的人接

能充分掌控時間，才能創造出高品質的服務

觸，營運的過程中組織必須與其他的單位合作或是交易。相關成員必須與顧客直接建立工作（互動）關係，如訂房（訂席）員、餐飲服務員、帶位服務員、房務員、健身教練、行李員、公關人員、採購員、驗貨員。在與組織之外的人進行與工作有關的溝通時，必須善用溝通技巧，並且避免下列四種妨礙互動關係的陷阱。

(一)忽略成員與組織的互屬依存性

基於服務工作所需，組織與相關工作人員必然與顧客產生關聯與互動。擔任組織與顧客間接觸之重要關係人，在任何情形下都必須能與大眾建立良好的互動關係，並具有一定的企業認知。這些人常被要求站在顧客的立場設想，雖然顧客未必永遠是對的，但是第一線服務工作者也必須能有效的向顧客說明組織的立場與角色。目前有許多組織中的成員在擔任第一線角色時，忽略了顧客對他們的重要性，常因不重視或是不瞭解顧客的需求，而引起了很大的問題與糾紛。有不少高級餐廳經營失利，就是因為服務生對顧客太輕忽傲慢。有位朋友在打完網球後，到俱樂部的一家商店去，他要店員拿一些商品給他看看，店員看他穿著一件舊的運動衫，故意大聲的說：「我們的東西都是進口的，或許你應看看別家的。」擁有這家店貴賓卡的他，因店員的魯莽與無禮而大失所望，後果當然可以想見，這個企業將永遠失去這位顧客。

我們也都曾經有因為店員的親切態度而喜歡向他們買東西的經驗。例如當顧客只向某一家店的某一位店員買東西，只是因為那位店員總是詳盡說明銷售內容、推薦適合的商品，並且送上適當的新產品目錄或是試用品給他。店員對顧客的關心與貼心服務，讓顧客感受到被重視，這種店員對於公司是高價值的。但是，許多組織並未積極訓練他們的服務員使用高效率的溝通技巧來提升工作績效，這一類的工作同仁多半來自於偶然或是天性使然。基本上，服務員必須能使用同理

心、傾聽、衝突處理以及平等態度來面對顧客,才能贏得信賴。

(二)服務員身處在敵對關係中

　　服務員常發現自己處於「敵對關係」之中。例如公司總是抱怨營運成本太高,而顧客卻認為整體服務品質不夠好。在過去還是賣方市場的時代裡,大家都只注意為自己的公司獲取最大的利潤,而不管顧客的利益。在現代,許多經營良好的公司都知道維持長遠的「夥伴關係」、重視顧客利益才能在終端獲利,現在經營的邏輯是雙方都必須能獲利,也就是所謂的創造雙贏(多贏),才能致勝。成功的第一線服務員要能花時間去傾聽、分享訊息,並向顧客學習,雙方關係的維護被視為重要目標,而交易時則用協商的方式來達到雙方的最大利益。因此,第一線服務員必須能依照整體策略,運用專業技巧解決現場的衝突,以化解彼此的敵對情緒。

(三)服務員缺乏主導性

　　第一線服務員常處於高壓力狀態,因為他們對公司的政策通常只能順從,而不能表示相反意見,同時還得執行政策。例如關於服務員接受退貨的權限,通常都無法讓顧客直接滿意,而這個權限的大小卻是公司決定的,可是當顧客出現不滿意時,直接面對處理的卻是基層服務員。企業主別忘了,服務員的處理結果必須由企業概括承受。所以第一線服務員如果可以和顧客好好的溝通,讓顧客明白公司的政策,並加以解釋,相信會是兩利的局面。

　　許多打折的商品都不能退貨,這個政策當然能用標示的方式,也能由收銀員向顧客做簡單的說明:「因為這個價格比較優惠,所以不能退貨。麻煩您再仔細地檢查一下。」這麼做可以減少很多顧客的抱怨。同樣的,經銷商不必向顧客保證送貨的日期,而應向顧客說明通常有90%的比例可以在三天內收到貨品,如此說明之後,當較能與顧

客有良好的互動關係。第一線服務員對公司政策缺乏主導性，往往必須正面的向顧客說明，才能在不確定的情況下，仍能與顧客有良好的工作關係，此時必須運用坦誠的語言溝通技巧來協助任務之達成。

(四)服務員使用術語的技巧

在同一組織中工作的人，大都會使用與工作有關的共同語言。這類語言可能是該組織特有的術語，對於不屬於該組織的人而言，是很難理解的。與政府單位員工有過接觸的人，會發現很難聽懂他們所使用的由字母組成的簡化之代替語詞。第一線服務員若不能說顧客聽得懂的話，將難以和顧客有良好的互信關係。由於組織中的術語，你已用之成習，你可能察覺不出它對別人的影響。身為第一線服務員必須從顧客的非語言訊息中，察覺顧客是否聽不懂你所用的術語。然後，你必須趕緊用普通的語詞再說明一遍。若是向別人說明專業技術方面的訊息時，最好用對方熟悉的事物來舉例說明。

第五節 激勵與團隊精神

一般性的激勵作用是指個體朝向任何目標所做的努力，而員工的工作行為與激勵之間的關聯，進而發展成凝聚組織的團隊精神，就成為企業努力的目標。當某個員工受到正確的激勵時，他就會加強努力。所努力的方向必須是朝向組織目標，否則付出的努力程度再高，也不可能產生良好的工作績效（例如員工努力準備與專長無關的職業測試或是證照考試）。因此，除了必須考慮努力的品質與強度之外，還須注意努力的方向是否與組織目標一致。此外，員工會因為激勵產生滿足需求之相關壓力，而且直到目標達成之後，這種壓力才會減輕或消除。因此，我們可以說，受到激勵的員工是處於某種緊張的狀

態，為了消除緊張，他們會付出努力與行動；努力的程度與壓力將成正比。如果所做的努力，能夠成功的滿足需求，則緊張就會減輕。但是這種為了消除緊張所做的努力，必須與工作有關聯才行。

有人在上班的時候花了許多時間在聊天，以滿足他們的社交需求，雖然壓力減輕，但是跟組織及工作目標無關，則不在討論之列。組織為了團體目標，設法借助一些教育訓練與溝通課程使成員願意付諸行動與努力。雖然一般性的激勵作用是指員工為了組織目標所做的努力，「員工受到激勵後，就會付出努力」是基本的邏輯。但是如果員工將努力用在與組織目標無關的方面，非但不能有助於組織，更直接削弱了組織的人力產能。試想：一個努力加強語文課程的基層員工在員工語文課程中努力學習，在一段時間之後，有所成績之時就因為語文能力提升之故而離職了，想當然這樣的激勵路徑是失敗的。激勵了員工的某種學習意願與個人生涯目標的同時，卻忽略了整體之目標的掌握，所以激勵需考量組織目標與員工需求之間的配合。努力的程度是主觀認定的，當員工被激勵了之後所做出的努力程度是不同的。

適當的激勵可使員工更積極，進而凝聚組織團隊精神，達成企業目標

有人天生就是積極的，接受激勵之後就會立刻做出反應，並配合組織的需求；但是也有的人基於個性，反應是消極或冷漠的。

欲探討員工對組織目標的回應態度，應先瞭解下列因素：

1. 誘因：個體願意對工作中目標的重視程度，源自人類爲了尋求自我肯定，爲了創造更多的信心，組織應該設法激發員工的自我期待，因此誘因就成爲關鍵因素。爲什麼願意努力？努力之後可以獲得什麼？有形的、無形的誘因都值得研究。

2. 組織與員工績效vs.酬償：係指個體績效達到某種特定水準時，能否獲得期望之酬償。亦即當員工表現轉好，或是得到具體成果時，是否可以如願的得到期望之報酬，所得到之報酬是否公平或是值得。

3. 努力—績效—酬償：係指個體對他所付出的努力是否產生績效，而最後是否可以轉成酬償之過程。員工的自我專業認知是否達到組織的要求？是否足以轉換成具體的酬償？這些都必須深入解析與探討，也可以視之爲組織激勵工程的成敗關鍵。

深入瞭解討論之內涵可以分爲：

第一，員工認爲透過工作可以獲得薪水、保障、友情、福利、施展才華的機會等。相對的，也帶來疲勞、倦怠、挫折、焦慮、受人管控、失業的威脅等。員工對於工作所能提供的這些東西產生重視的程度顯然是屬於員工個人感受的問題，這與員工的個人價值觀、基本性格以及需求狀態都有關係。關聯到的因素可能包含：員工重視嗎？員工眞的喜歡嗎？員工會不會無動於衷？

第二，酬償的概念。許多人想到酬償時，都會直接想到金錢，尤其是起薪的金額，還有其他許多金錢與非金錢的福利，也是你在作整體考慮時的因素，如假期、保險、退休方案、學費補助、餐食、休假與病假、紅利、獎金與股票、搬遷費、其他福利（免費或折價住宿與

用餐、公司派車、制服與洗衣服務、專業會員俱樂部）、訓練與專業
發展、旅遊補助等。另外，是否提供員工專業發展機會以及地理位置
通常也是作生涯決策時的考量。晉升至主管職位通常也意味著必須要
搬遷，對某些人而言，這些可能是正面的因素（或許他們喜歡體驗新
生活與新文化），他們會把這樣的經驗放在優先考量，許多人之所以
傾向在餐旅業發展也與多元豐富的生活方式有關。相反地，一些人則
因為必須遠離家人與改變生活習慣等因素，而不願意搬遷。某些人畢
業後希望待在離家近的地方，另一些人則希望住在自己喜歡的地方，
每個人都必須想清楚這些因素對自己生涯決策時的影響。

　　第三，員工必須表現哪些行為才足以獲取他所想要的東西，其實
很難定義與確認。認為達到組織要求或是要達到上司的要求，其中可
能有很多變數，或是可以掌握這些變數的機率有多大，都可能左右激
勵工程的進行與順利程度。員工所面臨的環境是否支持他？是否有適
當足夠的軟硬體相配合？是否有令人感到舒適的工作環境？是否有可
以互相幫助與合作的同事？能完成的時間有多少？這些都將左右激勵
的成效。

Chapter 1

餐旅服務管理的生涯發展

★自我實現與生涯發展
★工作表現與生涯發展之關係
★時間管理與壓力管理

第一節　自我實現與生涯發展

生涯發展是每個人從幼年到老年，綜合一生經歷的所有事物，也就是每個生活階段裡都會有各種不同的個別需求與角色，在性別、年齡、家庭背景、學歷及經濟基礎的基本差異前提下，各種不同的需求與任務狀態也隨之不同。但是工作與職業則是整個生涯的重心，尤其是在經濟環境之變遷，多數人就業年齡紛紛提前，從打工賺錢開始了自己的職業生涯，而生涯發展則是希望透過社會、組織、教育以及諮商輔導的努力，協助個人建立務實的自我觀念，且以工作為導向的生命價值觀，並加以融入個人價值邏輯之中，再藉由職業選擇、專長規劃與計畫目標之追求加以實現，期盼個人能有成功美滿且有利於社會利益的生涯發展。以一個企業家第二代來說，成功的培育應該是從建立各自的人生價值觀開始，無論與生俱來多少財富，都無法建構出來自於他的個體生命自己所創造出的人生價值，除非養成獨立自主的責任感與自我創造幸福的生命態度，否則這些巨額財富只是破壞他的生命價值的元素與實際障礙而已。

一、自我概念

自我概念是你自己認為，以及他人對你的認知是什麼樣的人之整體的感知。影響一個人的自我概念之原因非常多，成長的過程與細節、各種時期角色的扮演，某些特定的團體與特定的人物都是構成每個人自我概念的環節之元素。

二、自我形象

自我形象是由各個時期自我評估所組成的整體印象，受我們的經驗和別人的反應之影響。我們對自己的印象部分來自於我們所看到的，也有部分是來自於對周遭經驗的反應，來自於別人對我們的態度、反應及表情。但不幸的是，多數的人對於自我形象的正確認知，卻不見得正確與完整。而自我形象的正確性與我們處理知覺的方式有關，出生後，每個人都被動或是自願的經歷過無數次的成功與失敗、聽過無數次的讚美與責備，如果你被教育或是被訓練成只需要注意成功經驗和正面的反應，那麼你的自我形象可能是不完全的、扭曲的。然而當我們只注意負面的或是失敗的經驗，而且只記得批評的話，我們的自我形象也將扭曲成為負面的。整體而言，正、負面的自我形象通常在毫無察覺中定型，個人無法自己判知，一般都是在成年後透過社會經驗值漸漸清晰。

三、強化自我知覺與生涯發展的必要性

一般而言，高自尊的人接受調整的可能性較小，自幼培養出的自我感覺較為良好導致他們很難去面對自己的缺點與錯誤；低自尊的人做出改變的可能性比較大，因為他們被責備與被修正的經驗多於其他人，所以可接受訓練性較大。因此，加強員工的自我認知與自我知覺，也關係著組織在推動或是促成員工追求生涯發展的成效。對於正、負面自我知覺不等的員工，宜提供不同的溝通方式，使員工在組織發展與進步的過程中，能將個人的人生規劃加以調整配合，絕對有助於組織之發展。自我知覺正確性高的員工在發展生涯規劃時，對於所屬組織之發展方向的掌握性較高，分辨自身能否配合組織發展的可

能性也相對高於自我知覺正確性低的員工。

四、生涯規劃的定義與意義

個人對人生經營方式做一個最適合的妥善計畫與執行安排，在定期內充分發揮自我潛能，達到各時期的具體目標與行動，適才適用、發揮所長，對所屬社會與組織做出具體貢獻，最終達到自我實現的境界，圓滿的完成既定的生涯目標，無論是社交生活、感情生活與經濟生活都一一實現，這樣的人生規劃，我們可以稱為「生涯規劃」。

(一)完成自我實現

一個人自我瞭解的程度，是否接受自我的優缺點，並顯現個人的需求、專長，進而做好自己的生涯規劃，使潛能得以發揮，自我得以實現，對個人的身體健康、社交生活、職涯生活、心理特質的發展等都有莫大的幫助。所以生涯規劃的主要意義即在於成就自我。簡單的說，即便你是家財萬貫的受益人，也應該要有一份可以讓自己發揮長處與能力的工作，當然如果運用既得的資源去加快成功的速度或是範圍，當然更好，但其本身所投入的心血與努力所營造出的成果才是個人經營生涯的基礎。「創造」本身就是一種喜悅，如同生命一般，人人都應該珍惜自己可以創造屬於自己的事業生命與價值的契機。

生涯規劃意在協助人們建立踏實的人生概念，除了培養正確的價值觀、善良的道德觀以及務實的生活態度之外，也應建立有效率的職涯計畫與優質之精神生活。針對時間基礎而言，人的年齡提供並限制了人們的生涯發展渠道，不同的時程追求不同的職業生涯，而不同的生活角色與生活型態當然也會促使發展出不同的生涯規劃。比如婚姻、戀愛、生子與健康因素等，都有可能影響人們規劃職涯的態度與決定。

(二)增進家庭美滿

如果一個人的生涯規劃妥善，成家之後，不僅能因個人的成就、事業的成果，提升家庭社會地位，為家庭幸福帶來正面效果，同時也能給予子女一個良好的示範與基礎，使子女在和諧的家庭中生活，因而身心均能獲得健康的成長，進而延續良好之基礎，展開另一個生命個體之正面人生發展。

(三)促進社會進步

個人生涯規劃做得好，不但可以找到符合志趣的工作，進而樂在工作，在工作中創造智慧、財富與成就，而組織也可找到合適人選，工作順利完成，對個人或社會均有相對正面的意義。

五、確認生涯規劃的方式與路徑

(一)想法與邏輯

許多人在摸索人生的路徑中，總是不斷地失望與猶豫，無法確認發展方向與目標，既期待又怕傷害的情緒始終揮之不去，然而機會與個人能量都將隨著時間與歲月漸漸萎縮與減少的現實下，個人的失望落空就會演變成憤世嫉俗與不得志的窘況，猶如一粒無法萌芽生長、開花結果的種子；反之，如果一個人願意腳踏實地、靠山吃山、依水吃水的話，很可能在各行各業先行起步，奠定基礎之後，再行尋找其他發展，奠定轉型的基礎之後，無論是經濟基礎、心態與客觀環境，如家庭型態、年齡、性別與其他等，都蓄積了足夠的安全後盾，就可以再度開展另一個自己喜愛的生涯與職涯發展，創造適意的快樂人生。

◆5W1H的思考路徑

　　無論第一次或是第N次，抉擇人生定調與方向都建議依照5W1H的路徑思考：

1. WHAT：確認你的人生目標是什麼？希望過怎樣的人生？怎樣水準的經濟生活？追求什麼樣的感情生活？最渴望什麼型態的社交生活？

2. WHO：我是誰？有哪些能力才華？專長技能是什麼？人際關係如何？對自己是否充分瞭解？

3. WHY：為什麼這樣規劃？是否有更好的方式與替代方案？

4. WHERE：我有哪些資源條件或是優勢？哪些人可以幫助我？

5. WHEN：在什麼時候做什麼事？為期多久？何時修正？何時評估？

6. HOW：如何蒐集資訊？如何排除障礙？如何下定決心訂下計畫？

分析自我特質、價值觀、興趣、能力和需要，然後做出屬於你自己的決定

如果我們很清楚自己是怎樣的人，具有哪些才能、興趣、價值觀念、人格特質等，又對自己的人際互動關係、所處的世界很瞭解，相信就能為自己做好正確的生涯規劃與發展了。

◆瞭解客觀環境及生涯規劃與社會關係

在一次會議中，主席在黑板上寫了一個「○」，詢問在場的人員，這是什麼？

甲：是英文字母「O」。
乙：是阿拉伯數字「0」。
丙：是個標點符號的句點。
丁：是基本元素「氧」的符號。
戊：是甜甜圈的形狀。
己：是簡譜中的休止符。

思想有如洪水猛獸，無法掌控，面對同樣一件事物，不同職業、專長與個性的人，認知卻南轅北轍，看法相去之大，可見一斑。由上例中猜猜看回答問題的人都是哪些身分呢？

1.瞭解客觀環境：
　(1)政治環境。
　(2)經濟環境。
　(3)科技環境。
　(4)社會（人文）文化環境。
2.瞭解生涯規劃與社會關係：
　(1)身分：家庭、社區、學校及職場是四個重要的人生舞台，如
　　　何扮演各項角色是生涯規劃中需要思量的課題。
　(2)家庭：要如何扮演兒女的角色？父母的期待是什麼？如何與
　　　父母建立良好的溝通管道？如何與異性溝通，學習與異性相

處，選擇一位最適合自己的人（而非最優秀的人）？如何經
營婚姻？要教養出怎樣的下一代？撫養孩子到幾歲？孩子需
要什麼教育方式？金錢、物質或具體關懷？親子如何有效溝
通？

(3)學校：畢業後就不再學習嗎？是否在職進修？如何培養閱讀
習慣，願意終身學習，讓自己跟得上時代的脈動與需求嗎？

(4)社交圈：休閒是為了走更長遠的路，休閒生活可以平衡緊張
焦慮，而娛樂活動可以調節壓力，如何培養自己可以從事的
休閒生活與娛樂活動，是快樂人生的需要，建立自己理想的
社會期待，確實扮演優良公民之責。如何做個快樂的老人，
過有尊嚴的老年生活？預備多少退休金？老年健康狀況如
何？能否獨立自主生活？

(5)職場生涯：期待自己可以自工作中獲得什麼專業成就？工作
環境愉快與否？能否與夥伴和諧相處、分工合作？如何成功
經營組織？對職場與員工的看法如何？如何適才適所的安排
工作？領導風格是什麼？

(二)成功的生涯規劃

規劃一個成功的生涯，應循以下五個步驟著手：

◆步驟1：檢視自我

應考量自己的職業性向，在理、工、農、醫、文、法、商、軍、
公、教等各類職業中，尋找自己能勝任的工作，切忌好高鶩遠，一味
追求名利，把目標訂得過高，卻忽略了自己的性向與專業，即使努力
不懈、辛勤有加，亦難以奏效。有許多高中職學生因為流行加上數理
成績不佳，就一窩蜂的報考餐旅類的科系，目前的餐旅類科系的錄取
分數越來越高，能考上的學生多半都是班上成績優異者，但是其中不
乏進了大學之後，就因為適應不良，無法接受服務業的生態而休退學

的例子。

◆步驟2：慎選正確的機會

在規劃進行任何工作之前，應先評估自身的條件背景和可預期的社會變動，能勝任哪些類型的工作，進而蒐集從事該類工作所需的資料，據以充實本身條件，時機成熟時，掌握機會勇往直前，否則可能徒勞無功。

◆步驟3：訂下循序實現的大目標

機會抓住了，就宜依據現況分別釐訂短、中、長程的生涯規劃，循序逐步實踐。舉凡徒有計畫而無作業目標者，只知盲目的往前衝，恐難有成就，必將半途而廢。

◆步驟4：有效率的工作

抓住機會，掌握了目標，按計畫逐步實踐，在工作上不斷地求新求變，講究效率，提升績效，虛心地充實自己的專業，方能保有一席之地，不致在競爭中因效率低落而遭淘汰命運。

◆步驟5：適度調整生涯規劃之內涵與目標

生涯規劃理應依社會變遷與個人不同的成長需求，隨時調整。若因對社會的認知廣度與深度都不足，本身在各方面的條件受限，成熟度不夠而無法深思熟慮，再加上處於如此快速變遷環境中，若對自己的生涯規劃未能因應需要而適時調整目標恐將難以適應。

六、生涯規劃成功的要件

生涯規劃是人生的大事，執行的時間長，任何人在漫長的數十年中，都可能遭遇到許多衝擊與障礙，若得不到解決，就可能一蹶不振。所以再好的生涯規劃，若缺乏以下條件，恐怕不易成功：

1. 健康的體魄：健康的身體是成功的最大資源，身體不健康，一切將歸零，任何計畫均無法執行，哪有成功可言。餐旅業是勞動力大的工作，如果不能持有健康的體能，將無法順利發展。

2. 貫徹執行的毅力與決心：生涯規劃是一生長遠的計畫，若缺乏克服困難的毅力與確實執行的決心，勢必無法達成目標。

3. 願意積極改變不良的生活習慣與嗜好。

4. 建立良好的人際關係：人際關係圓融者，當身處困境時較不會面對多重挫折，反而有可能得到意想不到的支援，常能轉危為安，邁向成功之境。

5. 能面對批評適時調整自己：勿固執己見，逃避溝通。應待人誠懇、信守承諾，有接受批評的雅量，如此方能得到他人的建言，藉以調整自己，讓自己更加穩健成熟。所謂「三人行必有我師」，任何人事物都有值得反思與學習之處。

6. 善用社會資源充分發揮效能：執行生涯計畫，有可能因個人或家庭資源的匱乏而影響執行成果，甚至無力繼續執行，此時宜廣泛運用政府、民眾團體、慈善團體及外部資源，作為橋樑完成目標。

來自台灣景文科大的實習生成功地拓展生涯領域

第二節 工作表現與生涯發展之關係

生涯發展或生涯規劃是個人為了維持或是增進職場競爭力所作的具體計畫與方法。生涯指的是一個人生命階段中不同的角色組合，而隨著時代之進步，生涯規劃的功能有不同的解釋。

一、促成個人生涯與組織目標結合

組織目標的發展多半都以企業之整體利益著眼。但是個人如何提升職場競爭能力是值得加以思考的。營造雇主與勞方雙贏的結果是不變的努力方向，所以為了達此目標，業者應該設法改善勞工的工作品質與其人生規劃。而個人生涯的發展與有效的規劃必須與組織的發展方向結合，方具效能。互相結合所產生的雙乘效應，是追求高投資報酬率與經營效率的業主所應該認真面對的。

餐旅業互動頻繁而細膩，員工之情緒與表現很容易被察覺，所以雇主與主管應該更注意這方面的情況。餐旅業的人員流動率一直居高不下是市場上的老問題，以科班出身的餐飲系大學畢業生來說，如果決定選擇餐廳的專職服務員職位出發的話，應該是希望在餐飲業有長遠的發展，所以一開始錄用時就應該雙方進行溝通，積極的規劃，提高個人表現績效，就能將他們留下好好發展，才不會輕易流失人才。

二、協助個人規劃生涯

有計畫的人生不會混亂，較有方向，如果員工都能具備長遠規劃的人生觀與計畫，那麼個人的成功將連帶促成組織的效能提升。配合

前往海外實習的學生利用實習之餘完成旅遊目的

個人之事業計畫,將個人以及家庭之全面需求加以整理,並借助組織之整體發展,投以更具周全之人力安排與運用。當員工無法自己規劃出一個方向時,公司應該積極的提供諮詢與資源,協助員工找出未來的發展方向,以利雙贏發展。

三、協助發揮個人潛能

人都是有惰性的,一旦適應了工作之後,自然會產生安於現狀的心態,所以此時如果資方可以有計畫的協助員工開發更多的個人潛能,將可提升企業之資源效益,減少人力耗損與流動。企業基於重視人力資源的原則,積極開發員工的工作或是個人潛能的話,將可加速企業目標的達成。

四、提升整體社會人力資源之品質

人力是資產或是負債，經常在一線之隔，也與業者及員工的雙方心態有關。人的工作效率與服務品質當然牽動著組織的整體表現，能把生涯規劃與人力資源有效的結合在一起，必能使組織內人力資源管理運作得較為順遂，同時可以因此減少人員之流動率並降低成本，進而促進組織的營運更為有效。

至於學習者本身應具備之認知有：

1. 時間觀念：上下班一定要準時，不必太早到。下了班就趕快回去，除非必要，否則不必等來等去。必須把握吃飯時間，健康與體力是很重要的。

2. 職場倫理：以小費問題為例，不必急著要，該得的應該就拿得到，但是如果差額非常少就算了；若太離譜的話就一定要反應，視情況再做處理，千萬別因小失大。每月排班別急著搶先排，通常體貼與謙讓會讓人覺得你很懂事，會受人歡迎。

3. 人際關係：八卦只聽不傳。絕對不可以傳送出任何不關乎自己的事或傳聞。與異性同事保持適當之距離，別讓兩性關係變成自己在工作時的負面力量。不必急著討好同事或是結交朋友，先想著把工作做好比較重要，能夠把工作與任務順利完成將成為建立優良口碑的重要基礎。

4. 自我認知與管理：自己訂出一個合理的時間表，跟自己挑戰，別老是跟差的人比較，如果適應很快，應積極求取表現，爭取榮譽。

5. 危機管理：以性騷擾為例，應具備自我覺知與防衛能力，等別人來保護你，這樣通常緩不濟急，一旦覺得不妥，立即向主管提出或作出反應。

第三節　時間管理與壓力管理

一、檢視自己做事是否拖延

1. 如果你總是過於仔細的訂定一些細節計畫（只著重於一些瑣碎的事務），如每一個文件、文具、資料都要擺在固定的位置，每一個已經變形的迴紋針都必須挑出來丟掉等等，做起事來必然拖拖拉拉。
2. 如果你總是在等最好的時機（時間點）或情境因素出現，然後你才動手做事。
3. 如果你總是覺得時間很多，這件事下個禮拜或是下次再做也來得及，那你肯定是做事拖拖拉拉的人。
4. 如果你總是對很多屬於你份內的事，或是你應該完成的工作嗤之以鼻，認為沒什麼大不了，或者根本認為這些事不值得去做，那你更是百分之百沒有邏輯概念，會拖拖拉拉的人。

二、做事總是會有拖延的理由

1. 人都是有惰性的，好逸惡勞是天性，所以總想過了今天再說（如果運氣好的話，還是可以過得了關）。
2. 因為人都討厭不舒服的情況發生，都想避免不愉快的經驗，不喜歡不確定的態勢，所以乾脆就不斷地拖延時間，不去開始做立刻可以進行的事。
3. 因為我們總以為這事情沒什麼大不了，就算不做也不會有什麼

差別吧！

4.因為人都怕做不好，怕失敗（既期待又怕受傷害的心理），更怕後悔，所以總是要拖延到萬不得已，才會開始真正去做一件事。

5.因為我們有時候也不想真的把事情做好，不喜歡扮演重要的角色、承擔更大的責任，所以潛意識裡會有不想去做的事，因為做得好或是做得不好都會有更多的痛苦。

6.誘因不足，讓我們沒有很強烈的動機可以立刻執行或行動。

7.另一個會讓我們做事拖泥帶水、拖拖拉拉的原因，是我們的叛逆基因。為什麼要照你所安排的時間去做？為什麼非這樣做不可？難道不可以再等一陣子嗎？難道明天再做天就會塌下來嗎？

8.我們總覺得好像還有時間，可以再看看吧！或許明天、或是下週會有其他的方法呢？

三、如何克服做事拖延的壞習慣

1.估算拖拉的成本：計算一下你可能因此失去的機會，以及招致的損失；最重要的是，急著去做一件事當然有可能讓你因為急躁而增加失敗的風險，或是因此不能處理其他的事，也讓你後悔莫及。換言之，做與不做都是有風險的，但是選擇任何事都不做的壓力與負面影響卻更大。

2.設法找出一個更容易著手的出發點：從計畫最容易執行的點（部分）開始做起，或者從你最喜歡的事做起等。例如你想要管制開銷，你就可以從簡單的記帳與整理帳單做起，就可以進一步找到節制的方法。

3.刻意去對外做出一些命令式的（宣示性的）承諾：如此將讓自己沒有機會後悔，只好趕快去做。例如刻意在公開場合承諾說：「沒問題，我一定如何如何，即使颱風、地震齊來，我都

保證不黃牛」等；並且讓許多人都同步監督你，使自己在做此承諾時的口氣是很肯定的，沒有任何藉口可以拖延。

4.把事情分段處理：盡可能把事情分解成每天可以完成的一個小段落，每天處理一部分，絕不拖延；萬一不小心有一天誤了事，第二天立刻補起來，這樣就不致於拖拖拉拉不去處理了。

5.在潛意識裡不斷地提醒自己：如在電腦桌布或桌面上放note，MSN的自我設定也寫上這件事，你每天必定打開的檔案也要註記上。

6.即使在無意識的狀態下也能處理這件事：當你要去睡覺時，你開始想這件事該如何處理，一邊想，一邊就迷迷糊糊的睡。你在聽音樂的時候（假設你每天都有聽一段音樂的習慣），一邊聽音樂，拿起紙和筆，隨便塗鴉，只要想到這件事可以如何處理，立刻把它記下，只要出現好的點子你當然就會立刻去處理了。

四、建立時間管控的正確觀念和生活習慣

1.對於餐旅服務業來說，時間的掌控是成功經營的關鍵因素，同時也是最珍貴的資源，因為時間無法儲存，浪費時間是永遠沒有機會再挽回的。

2.「萬事俱備，只欠東風」的情形總是會發生的，事情如果總是要等到東風來了才能做，那就失去致勝的基礎了，正確的態度應該是在東風來臨之前，你便已準備好。如果你總是想等東風來了才要開始準備做事，那就已經來不及了。如提升服務品質的一切相關事宜，如果要等到顧客開始抱怨了才要動手的話，就更難了。

3.事情不需要等到有十足把握再去做，事情是要邊做邊學，無論是learning by doing或是doing by learning都可以邊學邊修正，如

果想等到有十足把握才去做事，那麼什麼事也不能做，與其一直等待機會的到來，不如邊做邊學，邊做邊檢討的態度較爲務實，越早開始做，越早做好。

4.俗話說：「說一尺，不如做一寸；想一丈，不如做一尺」，任何事都立刻去做的人，自然會累積較多的經驗，無論是成功或失敗，對於未來的挑戰會更具實力與能量。

5.不要想在同一時間裡完成太多事情，一個時間只認眞的完成一件事，可以幫助自己養成專注的好習慣，雖然看似不疾不徐，但是卻可以一件件完成，不致於永遠拖拖拉拉，毫無進度。

6.建立劍及履及的行事風格，凡事立刻去做，提前把事情做完，遠比把事情做到多完美更重要。這不表示忽略品質的重要性，而是我們不論早或晚完成一件事，品質仍需檢測，拖延事情完成的時間，相對就壓縮了修正調整的時間。

7.時間是有限的，人的能量（能力）也是有限制的，千萬不要隨意的承諾未來，或是隨隨便便允諾一堆事，卻經常做不好或是把自己搞得壓力過大，無法負荷。正確的態度是要能及時完成任務，不是要把一天當兩天用，而是預留彈性，如預計兩小時可以完成的事，估計用半天來完成，依此類推，這樣你才能成爲時間管理高手，總是不會誤點。但這個前提是必須有具體的計畫，才不致於淪爲懶散的藉口。

實習同學可以參與多元化的工作內容

在日本實習的同學更融入當地的生活文化

Chapter 8

餐旅服務業之人力資源管理

★人力資源管理的意義
★人力資源的規劃
★餐旅服務業之人力訓練與發展
★餐旅服務業之績效評估

第一節　人力資源管理的意義

　　人力資源意謂著經濟資源的良窳。而能夠設法將「人」盡其才、「物」盡其用是業界的管理目標，餐旅服務業是高度仰賴人力資源的勞力密集產業，其服務產品或是服務活動之重點在於從業人員是否有專業能力，且盡其所能的提供顧客所需求之專業服務，使顧客感到滿意且願意再度消費。一群受過訓練的、健康的、有文化素養以及精神飽滿洋溢著笑容的人們，是服務業成長的命脈。餐旅服務產業對於人力之規劃管理工作勢必需要嚴格的控管，方能致勝。

　　人力資源管理是指如何對組織內成員有效管理而言，其目的在於使員工、企業及社會均能各得其所各獲其利。研究「人」的角色與組織中的定位一直是管理階層之任務，人力如果管理得當，人力就成了人才，就是組織的資產，如果配置不當最多就仍只是人手，否則也就成為負債。這個結果是現實且殘酷的，試想我們透過招募、甄選，加

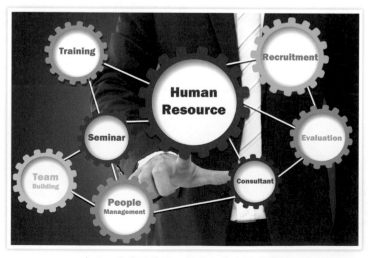

透過人力資源管理，促進企業目標的實現

上訓練發展這些冗長的程序之後才任用的員工，如果不能在組織裡發揮其才能，貢獻所學或是將能力展現得到回饋的話，必然是雙方共同的損失。諸如時間、薪酬、耗材與管理費用的虛耗，當然還包含了無形的組織之負面影響，如員工因個人疏失而招致銷毀、糾紛，引發公司的損害等等。

 第二節　人力資源的規劃

一、定義

　　人力資源規劃是一件管理大事，許多專家學者紛紛著書討論之，涉及範圍之廣可見一斑。人力資源規劃應該設想於落實管理之前，雖然規劃的定義很多，但是依照其基本涵義來研議討論的話，可以提供一個脈絡來思考。就狹義而言，所謂的人力資源規劃，是組織確實預估人力資源供需狀況，並加以規劃，使組織不致於出現人力短缺或過剩的情況而言。在高效率人力資源短缺狀況下，組織必須在適當的時間內，將優質的人力資源分派執行工作；在人力資源供過於求的情況下，組織應該在有效的時間內，將人員進行資遣、訓練或是辭退。

二、目的

　　人力資源的實際供需狀況是規劃時的重點，因為眼前的人力需求必須被滿足，才能正常運作。但是因應市場需求，組織總是不斷被動地去調整人力配置，效果總是不彰，多半淪為「頭痛醫頭，腳痛醫腳」的命運。然而，透過人力資源規劃卻可以配合企業的近、中、遠

程之經營策略,來評估人力資源外在環境的機會與威脅,以及內部現有之人力資源的優劣勢,進而擬定行動與因應方案,進行人力資源與企業實際需求之精算,再以高效率原則配置,使人人皆得到適切的安置與分派,以確保人力資源的有效運用。

　　以下分述成功的人力資源規劃的主要目標:

(一)規劃組織永續發展

　　永續經營是企業之終極目標,而人才培育與人力資源之實際掌握是經營基礎,如果能夠透過專業人力資源規劃,確實擘劃人力發展與配備,並借助科學證據分析產能、產值,使企業資源得到最佳之效益。

(二)高效率配置人力

　　透過人力資源規劃可以發現部門內人力短缺或是有人力過剩的實際狀況,並針對短缺或過剩之現象,直接進行調整。尤其在市場變動快速的餐旅業,企業為了生存必須在生產行銷的因應策略上充分的調整,因此人力配置效率好壞的重要性,可見一斑。

(三)滿足部門人力需求

　　為適應外部環境的變遷,組織在業務上必須不斷地擴充、調整及發展。基於此,組織就必須因應業務之拓增,進行人力資源規劃。人力資源規劃必將配合不同業務需求,一方面提供予組織內人力發揮才能,一方面試圖維持員工穩定之工作情緒,提高工作效率,確保員工之工作與經濟生活。

(四)合理降低營運成本

　　不同部門規模與工作性質都不同,但是基於組織功能所需,就算再小的單位,都仍需要不同的任務分派,如果每個單位都依職務需求來安置人員的話,恐怕人員規模會快速膨脹。例如旅館裡的話務部門

以利潤中心管理方式的話，也算是營利單位，但是如果因此而特別設立一個會計人員或是主管的話，就會造成不必要的重置與浪費。依照任務種類配置不同的部門，如成立一個專業財務部門可以控管所有不同事業體的財務狀況，不需要在分公司各自設立專責的財務人員或是會計部門，造成組織各部門類似工作彼此重疊、紊亂之局面。單一的財務部門更可以合併各個事業體的共同用人需求，精簡不必要的人力成本開銷，替組織創造更多的經營利潤。

(五)滿足員工生活

人力資源規劃不但要能提高用人效率，同時也要能夠滿足組織內之員工的各種經濟、社交與精神需求。人力資源規劃必須能夠使員工瞭解組織的整體規劃方向與策略，以便擬定部門的進行細則、調度配置、合理聘任等，以配合組織未來的人力資源發展之需求。

三、原則與程序

企業要取得優勢於惡劣之競爭環境中，應該先制定一套自己能正確因應的策略，才能順利發展。而人力資源的高效率配合，就是成敗的重要關鍵因素。人才的培育方面，尤其是管理、專業與技術的人力資源，都需要有系統的、有計畫的長期培養，才能真正建立自己的人力資料庫，否則單純的職業訓練最後總難免淪為企業間互相成為短暫的人力培育訓練中心，仍然無法有效解決餐旅服務業人才高流動率的通病。

規劃人力資源時應注意到以下之原則與程序：

1.核查並精算各單位之實際人力需求。
2.依照專長配置人力需求。

3.進行配置前之工作分析與人員諮商。

4.配置之後應保留調整機制與調度空間。

四、工作分析

工作分析是人力資源管理的基本步驟，與人力資源管理的各項功能有密切的關係，必須先就工作分析加以詳細說明。工作分析主要在分析工作的內容、職責、範圍，與其他工作的關係、所需的工作經驗、專業訓練、證照、技能、體能要求、工作環境、儀器設備等。蒐集和分析工作的相關資料，整理分類與分析的結果，將用來編寫詳細工作說明書，作為各部門編設培訓人員之基本依據。

 第三節　餐旅服務業之人力訓練與發展

訓練與發展之關聯

企業不斷地發展之後，必然面臨市場激烈的競爭，科技越發達，員工就被迫增加競爭壓力。越是如此，企業追求成長獲取競爭優勢的同時，當然也必須強化員工的個人競爭實力。協助員工強化競爭力，進而使企業擁有技術精良、士氣高昂的員工，是達成任務的祕密武器。近年來，激發員工個人潛能與敬業精神，也已成為人力資源管理之重要工作。

無論多能幹的員工也無法永遠都保持最佳狀態，專業技術會退步，腦力、體力會退化，生活感情與社會環境也會產生變化；科技的發達會使他們的原有技能變成負擔，組織若加入新的營運，或是整合

成新的產品線的話，就需要新的人才，或是需要新的能力加入，方能運作良好。

　　企業發展事業，必然不斷地發展新的營業項目，期增強企業之競爭力。組織與組織內之員工都必須共同達成這個新發展所衍生出的任務目標。員工的知識、技術、能力水平和工作表現之間有密切的關係，企業為了迎接新任務，必須提供在職訓練來提升員工之工作能力與專業知識，協助勝任工作。因此，企業必須不斷地提供有效率的員工訓練以提高生產力。

　　從企業觀點來看，企業裡的每一個職位都需要一定的專業技術、能力、態度與知識的支持，在競爭激烈的市場裡，更須提升標準以求生存。實務上，企業會利用「工作分析」來列出各種職位所需的工作條件要求項目。在甄選員工的過程中，詳細檢查應徵者符合該工作要求的內涵與否，擇優錄取之，以確保產能與企業競爭力。

　　企業在更新設備、變更作業方式、提出新的管理方法與技術來提

不斷地精進專業技能是生存之道

員工的從容態度與敬業精神是成功的關鍵

升生產力的同時，應該關心整個組織是否已做好準備，來面對新任務的需求。提供足夠的、適時的員工訓練來協助員工提升管理技術，以達成組織所需完成的目標與任務，是企業主的責任。

從員工方面來說，員工的教育水準越高，越在乎個人成長與發展，期望企業提供訓練使他們能夠參與更多的工作、發展更多的才能。他們看重組織是否提供工作所需要的知識、技術訓練，建立能夠協助並滿足員工發展之生涯發展系統，強化組織文化與管理，具體提升管理技術與工作品質系統。

訓練發展之目的是提升員工專業知識與技能，開發員工個人潛能以及持續發展生涯之途徑，以增強組織之實力與效能。因此訓練員工的前提除了是達成組織所交付的任務之外，必須同時顧及員工個人內在滿足之精神品質。

安排員工在職訓練前是否透過溝通程序強化員工的心理建設，以便強化訓練時之認知能力，而非以組織之立場來安排。旅館市場為因應國際化之需求，都致力於員工語言能力之提升，定期安排語言課程

定期的在職訓練是基本要求

訓練與測驗。但是對於在飯店裡工作的房務員而言，多半都是學歷不高之中年婦女，要求她們在工作之餘仍需面對這些專業要求，是相當辛苦的挑戰，而這種恐懼與壓力卻是大於任務本身的。因之，當單位主管在下達類似之要求時，應該先給予妥適的心理建設與溝通，再依照程度來安排課程，對於這些成員來說，更多的時間與協助遠比其他的獎勵考核來得有意義。

　　以下提供實際訓練方式供參考，同時對員工應有詳細的說明，讓他們也很清楚組織訓練的原則與訓練系統，以避免員工產生不必要之誤解與恐懼感，甚至產生排斥感。一般訓練的種類可分為：職前或新進人員訓練、職內訓練及職外訓練。

　　訓練方式可分為訓練與教育。訓練是近期（眼前）的工作與短程任務課程，如工作指示細項，或是機具設備使用說明課程、現場訓練、現場指導、現場模擬。如新的電腦作業系統使用課程、新機器使用課程訓練、新設備使用課程訓練、員工急救訓練課程、危機因應處理課程等。

不斷地培訓新血是不可省卻的工程

　　而教育課程則屬於中長程的部分，較接近無形及潛在的需求，包含演講、講習、研習、專案研討、技能訓練、心靈訓練課程。例如心靈成長課程、語言課程、親子教育課程、婚姻諮商課程、第二專長訓練課程、溝通技巧課程、領導統御、危機處理、專案管理、成功人士專題演講、形象塑造課程等。

 # 第四節　餐旅服務業之績效評估

　　績效評估是依據員工之實際工作成績來評定的，評估的結果可以作爲獎勵與懲罰的參考。身爲主管或管理者，對於部屬或員工的工作，進行有系統、有效能的評價而言。考核應該著重在員工實際之工作表現而言，而非淪爲表面平等之假動作。

一、考核之目的具有多重意義

(一)作爲組織與員工改善工作績效（表現）之基準

　　針對員工工作績效與表現，組織必須相對的做出回應，如果工作要求標準太高或是太低，都會影響員工之工作情緒與工作表現，以致於影響組織之整體績效。當考核與評估的結果確認，公司與員工都應立刻對結果做出調整與改善，並且讓員工明白組織將有所因應，有利於員工與組織間繼續合作。考核本身也具備溝通的功能，是組織與員工之間的雙向瞭解管道。

(二)作爲獎懲之客觀根據

　　考核評估的結果勢必會被拿來作爲參考，作爲員工實質受獎或受

懲的依據。一般而言，在景氣好的時候，組織的考核評估結果是用來作為給予獎勵分級之參考；但在公司營運不佳的時期，組織也必須依照結果來評比出員工之表現序列，作為裁員決策時的客觀標準，方能取信於員工，鞏固誠信公平之立場。

(三)作為安排訓練之專業參考

員工是否需要其他的技能或是工作資訊，不能憑空臆測，所以在考核評估的項目中加入技能考核的因素是必要的。依照評估考核之結果來提供員工可以提升工作能力之專業訓練，將有利於勞資雙方的發展與關係。員工受過訓練之後，可使工作進行的更順利、完美，不但有利於組織營運，更可以幫助員工提升自我信心與專業形象。

二、績效評估與報酬之關係

組織的人力資源政策與執行，這種政策對於員工的工作行為與工作態度，必然產生巨大的影響。而績效評估其中一項主要目的，在於將績效結果作為區分薪酬的依據。如果評估準則選擇不當，或評估方式無法正確的評估出員工的實際績效表現，容易使員工漠視績效評估的效能。

不夠完整或是不客觀的績效評估會減少員工在工作上的滿足感，如果員工認為個人的努力工作不能得到正確評價的話，這個情況比起他們的表現不佳還要令人沮喪，自然會降低工作績效，所以不公平的待遇與考評往往是員工失去組織向心力的殺手。

好的評估考核辦法必須是雙向進行的，讓主管對員工進行考核評估程序，並讓員工進行自我評估的工作。有些公司不但對於員工在職期間進行自我評估，甚至還對即將離職的員工作離職約談或是離職問卷調查，因為對於已經確定要離開的員工來說，「說實話」遠比那些

還在職的員工之顧忌要來得少，甚且可以是毫無顧忌的。這麼做的目
的無非是希望透過最直接的意見，建立一套客觀的評估考核制度，對
於組織來說，更是提升管理績效的法寶。換言之，優良的績效管理制
度不應該只是由主管對員工進行評分，也應該從不同的角度來看待公
司的制度，只有周全的評估制度才是正確的選擇。市場上也有人引用
專業顧問公司之匿名問卷方式來蒐集員工之意見，作為改善管理績效
之途徑。

公平的考核評估制度是保障公司正常營運的基本法寶。隨著時
代進步，一般人員的觀念也都期盼看見比較具有公信力的透明評估方
式。但是不斷地考核、持續地評估，卻不見任何實質回饋的話，亦即
人們口中的「只見口惠，而無實至」的情況是相當危險的。落實績效
管理與執行是一件困難的事，身為組織中的管理階層應當更重視獎懲
承諾的實現，切忌失信於辛勤工作的員工們。

獎懲是報酬的管道之一，加薪、員工福利或是較佳之職位調整，
都是有效的，而且是受員工歡迎之方式。在餐旅服務業裡，組織所能
分派之獎懲制度，遠比一般人想像的複雜。有直接的酬償，如金錢、
獎品、商品，也有間接的非金錢的酬賞。不論是直接或是間接的方
式，都可以依照個人、部門或是整個組織來作為分派之基礎。但是如
果酬賞能和績效密切配合的話，則對於個人的激勵效果會遠大於非個
人的。

三、生涯規劃與發展路逕

公司生涯計畫的執行包含了個人的生涯期待，與公司提供的發展
機會互相配合。生涯發展路徑是一系列與職場機會相關的職務安排。

整體生涯規劃的成功，個人與公司都須共同承擔責任。個人必
須確認自己的責任與能力，並且透過諮商，瞭解專業生涯路徑所需的

透過生涯規劃達成自己的人生目標

訓練與發展，公司必須釐清其需求與機會，透過專業規劃，提供必要的資訊與訓練，也有一些公司採用生涯發展方案來制定晉升及轉調制度。公司通常對管理及專業人員的諮商進行分開規範，但也有某些公司則對藍領階級及管理人員均提供生涯諮商，並規劃分支機構輪調制度，以提高專業經理人的產值與效能。

四、進行專業生涯規劃

個人與公司的需求和機會可用許多方法來加以配合。根據調查，普遍被人力單位及生涯諮商主管採用的方法爲諮商與討論機制。這種方法通常是非正式的，愈來愈多的機率是以團體諮商及自我評估的複合模式進行。

(一)輔導諮商

組織的人力資源單位通常包括提供有諮商需求的員工在專業上

的建議。諮商過程可以轉移，或是擴增至個人所關注的部分。如同我們所見，生活上所關注的事，通常是決定生涯期望的主要因素（如感情、婚姻、生子、健康等），在此脈絡中，生涯諮商被公司視為一種服務，而非工作。

由管理者所完成的生涯諮商通常包括績效評估，關於員工在公司裡要晉升至哪種職位是個相當現實又棘手的問題。事實上，績效評估在生涯規劃的資訊結論，會製造出員工即時工作或生活興趣，而非人生理想而已。

有效率的績效評估之特點是讓員工瞭解不只是他所創造的成績很重要，能否在未來掌握住什麼更重要。因此，管理者應能在公司的需求與發展機會上，提供員工專業諮詢平台，還應將效能擴大到整個組織。然而管理者對組織的資訊可能所知有限，通常需要採取更具整合性的諮商系統，作為解決之道。

(二)正式諮商

工作團隊、評估中心及生涯發展部門，在各公司間使用愈來愈廣泛。通常，某些方法是針對特定部門員工設計的，在人力資源日受重視的情況下，專業訓練人員與管理人才已經受到極大的矚目。其中以餐旅服務業為甚，女性管理人員的比例越來越高，少數族群員工也逐漸受到重視，故針對女性及少數族群的生涯發展方案，也被視為公司承諾肯定行動的重要指標之一。

有效管理相關的能力目標有：

1.問題分析與障礙確認。
2.開放性溝通的程度。
3.合理設定組織與個人生涯目標之關係。
4.選用、訓練及激勵員工為目標。
5.人際關係與溝通能力的提升。

6.員工績效控制與組織時間管理之水準。

在此六大領域評分的基礎上，每位管理者設定生涯及個人目標，組織人員幫助管理者設定能反應其在專業領域優缺點的具體目標。

許多公司會採取各種方式與計畫來提升人力資源的素質與產值，如某知名連鎖飯店推出員工多元能力培訓計畫，讓員工在工作之餘可以針對公司內其他部門的職缺與技能，挑選課程進行訓練，在專業檔案的整理之下，員工可以在內部的職缺公布時，直接提出申請，通過面試與檢核之後，就可以在公司內繼續經營職涯。對公司來說，員工能在組織內多元化發展，可以直接將產值與效能轉成公司的資產，當公司組織必須做彈性改組時，這些具備多種職能的員工就是最佳的基本機動成員，也是組織蓄積競爭力的最佳武器。

(三)職缺公布

「職缺公布」意即在公司有職缺時就對所有員工先行公布，讓員工可以知道有哪些職位出缺。有效率的職缺公布不只是在公司的布告欄上公布，還應該以更有效率的方式告知所有員工，程序上至少應符合下列的狀況：

1.完整的空缺職位資訊（避免隨時變化，應該有所規範，讓員工可以掌握）。
2.招募前三到六週內對內正式公布。
3.應明確公告任用資格。
4.應明列甄選方式。
5.休假員工應有預約應徵的機會。
6.應徵卻沒被錄取的員工應接受書面說明，並將之登錄人事檔案內。

　　人力資源資訊系統之技術為近幾年最常用的生涯管理工具之一。該系統有基本的潛力，因為它不只促進個人生涯發展活動，也為公司節省一定的經費。許多公司比以往更加依賴由公司內部來補充員額，成功的關鍵指的是正確資訊的有效流通。亦即公司必須確定所有潛在合格的應徵者確實知道空缺的職位及其工作條件要求。相同地，公司必須瞭解目前員工是否具備空缺職位所需的技能與倫理道德。

　　如果可以提供電子職缺公布系統，列出全公司90%的工作，公司裡的每個人都可以接收到這些資訊，並可以電子方式應徵這些空缺職位的話，可以確保這個系統的有效運作。從生涯發展的角度來看，可以促成表現不佳的員工橫向移動，這麼一來，可以造就員工的多元發展，並提升公司的人力資源素質與彈性。這讓許多本來可能停滯在原職位或計畫離開公司的員工，重新讓工作生涯有新轉機。

　　資訊網路化與全球化對那些想尋求生涯援助的人們是相當有價值的發展。成千上萬的私人、公家及非營利公司利用他們的網站進行招募及提供資訊；至於就業或求職網站則可用來尋找有職缺的公司。

Chapter 9

餐旅服務管理的未來發展

★ 全球旅館業的發展趨勢
★ 服務業的國際化
★ 服務業的多元化

20世紀全球旅館業成功地形成一個龐大的產業區塊,投入總量與產出總量,均快速地增加。在管理方面,旅館業的龐大企業化與標準規格化已經完成,喜來登、希爾頓、威士汀、香格里拉、君悅等旅館管理公司已各自形成一批巨型旅館集團。旅館管理公司、旅館專業、各國分級(星級)等風潮陸續形成,相得益彰,互為競爭與學習,並積極接軌,引導和促進了旅館業的現代化、全球化及高效率發展。而在現今科學技術快速發展的催化下,除了改變產業的生態之外,更改變了世界旅館業的面貌。新材料、新設備、新技術賦予飯店業新的觀念和感覺,管理高效率,服務更新穎、更有質感,將是未來旅館業所需面臨的競爭問題。

第一節　全球旅館業的發展趨勢

一、全球資訊化將改變旅館業的傳統障礙

1.旅館業全力的投入重要資源與人力,為全球旅館業的發展提供了堅實的經濟基礎。世界局勢的漸趨緩和,保障了全球旅館業的持續發展。而航空業、旅遊業的穩定發展,則為世界旅館業加速發展直接帶來生機。為適應旅遊的需求,全球交通運輸條件積極改善,快捷、舒適、安全的原則下,將源源不斷地為全球旅館業輸送旅客,注入資源,刺激全球旅館業不停地調整體質,掌握發展機會。

2.網路的發達助長全球旅館業的快速成長,並積極改善接待方式。國外一些大旅館,已實現50%的客源網路預訂,這種趨勢還將繼續擴大。此外再加上電子商務的盛行,未來以網路作業系

統為主流將是旅館業者所必須學習的課題。

3.電子貨幣將成為全球主要的趨勢，銀行可能會代替飯店的財務部門，銀行結算成為飯店與客人之間的終極服務點。電子模擬技術的使用，將使某些特別的飯店前檯接待工作虛擬化，未來可能無須大堂副理、門衛應接等崗位的真人在場，代之以大螢幕上的虛擬服務員解答疑惑和引導消費服務，無庸置疑的是，網路預定將成為全球飯店業主要的促銷和交易方式。

二、新概念飯店將取代傳統飯店

目前以旅館產業來說，呈現兩極化的經營趨勢。以旅館規模來說，將以中、小型為主流，那些客房總數2,000間到5,000間的大飯店，將給業主的管理和顧客的使用帶來諸多不便與負擔。因此，未來酒店（飯店）的型態，將是一些設計新穎、讓人舒適的酒店，帶給客人更舒適、放鬆的休閒享受。

以旅館住宿環境特色來說，一種是極為簡樸、強調親近自然、放棄享受、貼近大地的方式來規劃住宿環境，如大陸蘇州地區設計極簡單的貝殼房（住一晚只要台幣500元）、英國綠色旅館（提供以馬鈴薯做的刀叉餐具）、泰國東北部的生態旅館（帳篷飯店）、台灣屏東地區的單車旅館（提供單車Spa設備、單車專用電梯）、台灣高雄推出六星級香客旅館（住宿費用由香客自己決定）。現在甚至還出現以「蘋果」為基準，將綠色旅館做分級的組織。另外也紛紛出現極盡奢華、享受的超高級旅館，如寶格麗集團在印尼巴厘島的頂級渡假飯店、杜拜七星級帆船飯店、澳洲凡賽斯主題旅館、印尼的一島一飯店陸續出現；也有主題旅館如雨後春筍成立，如美國的客機旅館、德國監獄旅館、俄羅斯餐廳冰窖飲酒室、墨西哥灣的海上旅館（油槽飯店，能源來自海風）、土耳其洞穴旅館、瑞典的冰上旅館、日本建築師規劃

杜拜七星級帆船飯店

長城腳下的公社（一晚最貴要12萬元）；也有出現像天堂來的奢華販賣機，可以買豪宅、遊艇、高級敞篷車、黃金手銬（情趣商品）之類的高價商品，凡賽斯集團於2015年在杜拜建造了一座豪華風格的旅館——杜拜凡賽斯皇宮酒店（Palazzo Versace Dubai），在市場又掀起新的時尚風潮。

三、更貼近旅客需求

新穎材料、設備、技術的大量採用，將更適應貼近旅客需求。如環保材料、降溫材料、調色材料、散發香味的材料，將改變傳統飯店的用材習慣；洗滌方式、汙染處理、廢水、廢氣、廢煙的改善處理，將改變飯店的整體環境；自然通風、照明品質及太陽能的開發利用，將改變飯店的能源消耗模式；客房中便捷通訊、自動預約、登記、入住系統的建立，將改變飯店目前的經營管理模式，可以節省人力資源；貼近自然、回歸自然的飯店，將贏得多元的發展空間；結論是——飯

運用自然素材，實踐環保概念的綠建築飯店

店的不斷智慧化，將打破以往的經營模式。

四、分散式經營與超大化經營的基本格局繼續發酵

　　極大化與迷你風格的趨勢造成分散式經營與超大化經營的基本格局繼續發酵。只是競爭將更加激烈，未來靠幾十家全球性的管理公司統治天下的餐旅業是不務實的，獨特迷你的經營方式企圖造成大影響力也是一廂情願的幻想。但可以肯定的是，一些規模較大的旅館集團力圖延伸管理空間與範疇，想要引導消費風潮，同時透過輸出管理資源帶來的豐厚利潤，將是衝擊分散式經營的潛伏敵人。而旅館管理集團之間的對抗、合作、合併，也可能會效法國際上跨國工業集團的競爭方式。

　　由20世紀的激烈競爭轉入21世紀的商業合併，選擇雙贏或多贏的結局。在這爭鬥的過程中，中小旅館的合併、倒閉和破產，將是無可避免的現象。在經營方式上，大量的小規模經營者仍然承繼著物業經

營的傳統事業，而一些較大的旅館管理集團，將由現在的物業經營過渡到大型資本經營階段。屆時，可能會出現一些旅館管理集團不從事直接管理旅館的業務，而將實際的旅館管理再轉交給其他從事旅館管理的專業公司的現象。

五、一卡之內搞定一切

客人的食、衣、住、行、樂等可望實現在一卡之內。即旅館住房卡將與飛機票、船票、捷運票、火車票、汽車票、郵輪券、參觀券等集結爲一卡，既可分期，也可一次性結算，澈底方便旅客使用，減少現金消費之風險。

隨著電子商務的盛行，旅館業之間的競爭，將集中在網路世界，其次才是服務品質和價格競爭。機器設備大量加入旅館的服務工作和管理工作，使成本下降，效率增加，標準一致，質量提高。

六、高科技帶來商機與創新

旅館選擇不再限於陸地建立，高科技帶來商機與創新，也爲旅館之建造打開了新的市場，航海旅遊、太空旅遊的新概念出現，既刺激旅行者，也刺激那些標新立異的旅館投資人。旅行社與訂房中心作爲旅館的仲介機構，一直是旅館生存的重要夥伴，也將逐步退出旅館市場之角色，隨著旅館網路化的完美建置與運作，旅館將以散客（FIT）服務爲主，漸漸淡化團體客的市場比例（最近剛發生旅行社套裝旅遊行程的價格竟然比FIT旅客自行預約購買價格貴之案例）。

展望21世紀，全球餐旅業的「和平」競爭將給業主及經營者帶來難以形容的躁動，人們可能是憂喜參半。以旅館而言，乃是一個包羅萬象、充滿挑戰性之營業場所，以服務旅遊人群爲目的，過去旅客多

高科技帶來新的商機與效率

半是以前來經商之人士為主，近年來由於經濟、政治、社會之變遷與衝擊，出旅的顧客已經出現多種型態，趨向多元複合化的現象，全球人口紛紛因為郵輪、火車、公路、航空器的發達而四處旅遊，這意謂著旅客型態高度變化，而影響到服務品質的要求也同步提高與複雜化。

　　過去餐旅服務業倡導賓至如歸的服務觀念，現今的服務講究的是自然體貼的滿意度，以及合乎當地文化人情味的休閒氣息。觀光旅遊業是以「人服務人」的方式來經營的，故而有千間客房的旅館，起碼也有一千人以上的從業人員才能夠順利營運。然而講究服務品質的今天，一人服務一人仍然不夠，而是需要更高品質服務來滿足市場，若未來幾年內台灣旅館增加四千多間客房，將需要培養更大量專業人員才能夠因應營運所需，面對如此的人力需求，有關當局和各大專院校紛紛開辦餐旅科系，培養基層從業人員以供應人力市場需求，故而目前同業間有著互相挖角的現象層出不窮。綜此觀之，餐旅業在未來幾年將繼續提供社會更多的就業機會，也將造就不少專業服務人員。

　　然而餐旅業還有必須面對之課題，許多人抱怨餐旅業的工作特

性是低收入、高壓力、高工時的工作。這是一種僵化的觀念，因為在傳統觀念裡，餐廳旅館讓人聯想到的是「僕役」、「店小二」、「傭人」。然而現在一家擁有四千多間客房之旅館主人，大量的僱用這些一般人認為是僕役的餐旅業服務人員，透過訓練、激勵與專業規劃，運用種種價值肯定的表彰制度與規範，使員工集體成為專業人士的族群，共同體認這是一種高品質、高要求的工作，所獲得之報酬與提供的服務也將漸漸相符，員工的生活品質相對可以提高。

因為經濟繁榮，許多國際性知名企業陸續登台，國內市場如赫茲汽車租賃、金融投資公司、專業顧問公司等，各行各業不斷地擴張營運，加上以往人們不喜歡從事為他人服務之工作，比較羨慕坐辦公室朝九晚五的生活，認為那才是高尚的工作，這使得餐廳旅館業求才更為不易。

今日經濟發展發達，目前人們喜歡從事高報酬工作（如股票證券公司），故旅館從業人員有大量流失之傾向。然而在過去幾次經濟不景氣當中，服務業卻一直有增無減（尤其是餐廳旅館相關產業），當然在這幾次不景氣低潮中服務業所增加工作總數，可能還不足以抵消製造業所減少之部分，但若無服務業之貢獻，經濟所承受的衝擊將更為嚴重。同時從事投機事業可能會使人暫時擁有一些財富，然而展望未來，企業內外部之競爭都將越來越嚴峻，所以高薪工作將會愈來愈不易取得，但餐旅服務業的工作發展機會卻會相對增加，專業不易被淘汰，薪資也會隨著職位同步漸漸提升。

 第二節　服務業的國際化

餐旅服務業的國際化，促使在台灣的老饕可以在遠東飯店的上海餐廳吃到道地的上海菜；在巴黎的香榭大道也可以找到麥當勞買漢

堡吃；到台灣出差的商務客可以在台北住進全球連鎖的君悅飯店；到
世界幾個知名的大城市旅行的人，都可以住進希爾頓飯店或是假期飯
店的系統；喜來登飯店在「中國國際旅行社」及美國投資夥伴的授權
下，得以經營北京的長城大飯店；東南旅行社與中國時報旅行社經銷
日本加賀屋飯店行程；法國紅磨坊與麗都歌舞秀之舞團全世界巡迴表
演；這些都是國際性服務業快速成長的典型範例。餐旅服務業的業務
發展在某些方面（政治、社會、人文與法律）受到極嚴屬的限制，國
際貿易速度依然快速成長。儘管如此，餐旅服務業國際貿易的成長，
對許多大型組織來說，仍然具有戰略性的地位。

一、餐旅服務業國際化的面貌

　　預言本世紀成為服務業為主的趨勢已定，而餐旅服務業的優異表
現更為世人所共睹。我國出國旅遊人次年年創新高，動輒超過600萬人
次。而國內遊樂事業集團也紛紛引進國外的遊樂設施吸引國人消費，
或以嶄新型態的經營管理方式來迎合國內遊客之需求，速食業也是加
快速度的最佳功臣之一。他們造成的不只是消費市場之成長，同時更
是把消費水準國際化的功臣。落後世界的地區居民一旦受到外界經濟
生活的刺激之後，很難再回覆到原先的低水準生活當中。而提升生活
品質以滿足日益增高的人類慾望之現象是無法避免的潮流，那麼也難
怪所有的政府與團體必然會將國際化之政策列為重要的政治使命。

二、無形的特質與服務業之影響

　　經濟學家認為，餐旅服務業的貿易之所以不受重視，是其無形特
質所導致。有些餐旅服務交易的項目，人人耳熟能詳，但有些項目卻
很難教人想到服務與貿易行為有關，下面就是幾個例子：

1. 帶孩子到美國迪士尼遊玩，那麼他在美國相關的花費會歸在美國貿易資料上「旅遊」那一欄，屬於勞務出口。
2. 搭英國航空的班機到倫敦遊學，付給英國航空的機票錢，將列入「旅客費用」類，屬於勞務進口。
3. 國內大量消費外國食物與飲品，都屬於國際貿易活動的結果。

勞務是一種看不見的商品，這種「看不見」商品的出口，主要包含兩個大項目：一是本國提供給外國旅客的服務，包括生活、交通、娛樂、通訊、軍事等等；另一是本國到其他國家投資服務業和製造業所得的收入。以上的交易，大部分都不屬於傳統定義的進口或出口。

三、服務業經營權集中於少數國家

國際間許多國家擁有大量吸引國際開發商青睞的服務產品，大賺外匯。這些國家具有民主開放的法令、多元的觀念、教育程度較高的居民、潔淨的生活環境、辛勤的員工、公平的勞資關係、先進高效率的設備、寬鬆的生活預算等。在自己的母國成功經營之後，幾乎所

遊客可以體驗傳統的觀光活動，不但有趣且具備經濟價值

有的企業基於企業規模的擴大之需，紛紛往外發展，企圖開拓更多具有潛力的市場，另外一個很大的誘因是這些企業可以將上述整體的消費觀念傳銷與複製到其他地區與國家。而這樣的發展漸漸形成一個趨勢，那些強者恆強、大者更大的企業藉效率行銷的途徑，在未開發國家或是開發中國家所開創的市場規模，不但謀取了企業的利潤，也把所到地區之市場規模與消費意識給完全顛覆了。

四、國際餐旅服務面面觀

有些國際性的餐旅服務業強調它迅速流通的能力，有些餐旅服務業則能在各國文化中通行無阻，如麥當勞、肯德基等企業。另外還有專門提供從事國際間活動的顧客所需的專業餐旅服務，如航空公司、俱樂部、餐廳與旅館業，尤其在那些網路運用非常普遍的地區。有些餐旅服務業則是因受到當地政府的禮遇，在法令上限制較少，不同於當地的業者，因而能發展順利與快速。在餐旅業國際化的過程中，有些現象值得加以解釋：

1. 餐旅服務產品之機動（流通）性：國際餐旅服務流通性與滲透性高度地發揮在各國文化中，也有服務業專門提供服務給從事國際活動的顧客，尤其是網路運用非常普遍的地方，不管到各地消費或是休閒旅遊，只要一台Notebook在身邊，所有的服務都將連線無障礙。

2. 創造消費市場的能力強：在清靜農場上賣咖啡、開超商，引進剪羊毛秀到農莊，都是積極尋找（創造）消費者的實例，說明了主動創造或是滿足消費需求，自然就可以找到市場。

3. 網路與國際化時代來臨：消費者只要在網路上連結，就可以隨意隨時隨地搜尋旅遊之相關資訊、用餐、住宿、旅遊、娛樂、

運動與商務需求，可以簡單迅速的獲得解決，創造利潤。

4.政策與文化息息相關：開放與否將是關鍵因素，上海世博會的規模與效益，足見中國企圖以最大的野心與決心對全世界開放門戶，高達242個國家與團體參與的世界博覽會，已經說明了中國的政策趨勢與經濟生活文化轉型之決心。

五、政府政策

投資初期，政府必然出手管制國際服務業的成長，他們認為許多服務業之進行狀況，關乎人民福祉及國家發展，並相信政府應該扮演保障人民能享用物美價廉的服務產品之監督者。不過其中常常摻雜了盲目的愛國主義於其中，以「保障國家利益」的外衣作為掩飾，來阻饒企業活動之正常進行。世界上有太多政府以採取對其他競爭者多加限制的方式，保障所屬的航空公司得以生存，也有政府為了保障本國人的工作權，還規定某些餐旅相關工作必須聘用該國人才合法（如航權、當地導遊等）。

許多落後國家，經常不顧市場的實際需求和喜惡，一方面限制外國公司在他們國家內投資各種服務業活動；一方面不斷地扶植本國的服務業，設法使之壯大。總之，服務業需要更自由開放的空間，製造業雖然掌握了攸關民生物資的產出，呈現出市場表象是事實。而服務業的需求是在滿足基本需求之後才漸漸發生的，因此所有相關的發展特質都顯得更為多元與複雜，更有研究的需求與空間。

個案9-1

環保概念發燒

為了倡導節能，降低汙染，已經有不少餐旅業開始積極進行措施，如旅館推出賣牙刷給旅客方案，從抱怨到漸漸認同，在歐洲的旅館一律不提供牙膏、牙刷的規定已經成功進行。雖然國內申請環保標章的旅館少，但實施環保作為的旅館還不少，如台中某農場不提供牙刷，還要收費；還有旅館推出製冰機冷氣、新增環保建材以達成隔熱省電等效能。一些聲稱是環保旅館的業者，採用省水馬桶、隔音牆等環保認證的綠色建材。對於自備用品政策而言，外籍客接受度較高，台北也有五星級旅館不主動提供牙刷等拋棄式個人盥洗用品，取消塑膠材質洗衣袋。在「尊重環境，減少垃圾」的前提下，增設環保節能設計可省電費，遠東飯店的環保節能設計可說是業界指標，例如空調系統在冬天以氣體交換方式引入，每天省下300噸空調主機的耗電量；夏天則啟用儲冰式空調，利用夜間離峰用電時間製成1,500噸的冰塊，白天融冰成冷空氣用作空調，每年省下250萬元的電費。也有飯店在外牆增設發泡隔熱藥劑，可減少60%熱能穿牆，間接減少冷氣及電力消耗，還有蒐集冷氣廢熱以加熱鍋爐、百葉窗自動偵測因應陽光方向調整等。

六、發展障礙

低度開發國家發現，如果降低發展之障礙，從中受惠最多的是那些餐旅服務業已經健全的國家之企業。不過對此一論點，仍是眾說紛紜，由於資訊不足，所以很難估計一個比較自由的服務業貿易政策，對一個國家而言，會帶來什麼樣的長期影響。但有一個好處是很明顯的——與顧客接觸頻繁的餐旅服務業，需要僱用能與消費者直接溝通

的員工，因而創造出的當地就業人口數，這的確是最直接的好處。經常有人認為，餐旅服務業自由化之後會對於小區域的經濟活動造成衝擊，如外來廠商的競爭、就業機會減少、員工平均收入減少、服務品質變差、政府的補助經費縮減，或是各方面的汙染增加等。然而，解禁的基本論點可以提供給經理人更大的營運空間，可以用較低的價錢提供更具生產力及高品質的服務。

七、國際服務業的致勝之道

全世界服務業公司的致勝之道，在國際競爭方面也同樣重要。但其中有些因素特別重要，使我們能夠透視國際性餐旅服務業公司成功的關鍵所在，這些因素包括：深刻瞭解市場需求及消費者行為，謹慎地鎖定目標市場、區隔市場定位、落實任用培訓當地員工、嚴格掌握品質控制和成本控制，以及不斷地推出新產品及新型服務型態。針對上述原因，進一步說明如下：

(一)確實掌握消費需求特性

在自由國家中，同時飛行國內外航線的航空公司，要下很多工夫去適應各種不同市場、不同文化的旅客需求。如果某公司能同時提供國內、國際及洲際三種服務，那麼在提供服務時就需要顧及多方的條件與需求了。針對國內航空服務，在短短一小時的飛行中，旅客在意班次的多寡，以及可靠的服務，除此之外他們別無所求。不過在洲際方面就不相同了，涉及國際航空法之航線規定所致，國際航線是不易被壟斷的，因之，航班的提供就不是考慮單一環境與條件即可成就的。而且長途飛行需要更完備的服務，包括餐飲、休閒消費、地面服務和其他娛樂服務之提供，這些都是為了搶市場而提供的額外服務，競爭狀況之激烈，可想而知。

　　在某些國家中，服務費（tip）的收取是無法放任自由的，如台灣的民眾是不習慣在消費之後另外給付服務小費的，因此業者往往將服務生的服務費以「服務費」之項目收取之。但在歐美地區卻不然，許多服務生的主要收入甚至是以顧客給付的服務費為主。

(二)行銷策略與市場定位

　　許多在本國經營順利的國際性服務業公司，到了國外常常是和地主國自己經營或所支持的企業彼此競爭。此時定位的工作就必須多方考慮，在競爭價格策略與專業定位之間的考量是無可避免的。一般進口貨的價位是很難與本土產品競爭的，但是環顧諸多進口品牌能借助營運優勢與行銷策略，紛紛成功的登陸各國市場來看，這類跨國企業的管理階層大多透過直接協商或競爭來試探該國為了保障本國企業設置的法條障礙，但在開放趨勢成熟之前提下，各國政府如果沒有合宜之全球化機制，恐怕很難自處。

(三)提供當地大量就業機會

　　對居於領導地位的服務業公司來說，任用當地員工是無可避免的現實，尤其是對那些必須跟顧客接觸頻繁的行業，僱用當地員工可以強化登陸的優勢，減少磨合的成本與耗損。此外，除了僱用員工之外，提供更多符合當地居民口味的餐點，也可以加速成功。為了順利登陸，麥當勞雖然在全世界保有基本的菜單和風格，但偶爾也推出迎合各地不同口味的菜單。例如在英國的菜單加上茶、在比利時和西德則添了黑啤酒、在泰國的麥當勞可以吃到各種不同的水果派、在台灣的麥當勞推出中式飯堡餐點、日本的麥當勞則提供綠茶或抹茶；另外，在日本拉麵店裡吃拉麵時，偶爾也加上幾顆中式煎餃等等。

(四)積極掌握發展中的局勢

　　跨國企業常常會碰到一些問題，諸如在地方政策、作業流程、作業方式和獎勵措施，應該能反映當地的風俗習慣和市場需求，不過攸關成敗的關鍵，仍是服務品質和成本效率。針對這一點，餐旅服務業公司是個中翹楚，他們多半會根據各地情形設定合理的薪津制度；但在管理上，卻有一套標準的規格、工作流程及作業方式。如果不這麼做，他們就無法在國際上提供消費者預期的服務標準與品牌認知。國際航空公司在各大洲都設有營運部門和銷售通路，但前提是所有的員工都必須接受相同的訓練，接受同質性很高的管理方法。不管他們是用哪一種語言去執行任務，都必須以相同的方法提供旅客所需之專業服務，確實執行公司之政策，以獲得一致的顧客認知。

　　大多數的服務會包括無形的產品，基於消費是發生在服務提供者與顧客的互動過程中，所以在制定策略時應該慎重考慮各種影響因素。選擇在一家餐廳晚餐，必然包括有形的商品（餐食與飲品）與無形的服務（氣氛、服務態度與服務設計）。大體而言，服務的工作相對涉及更複雜的社會互動，在網際網路出現之前，大部分服務業是屬於科技程度較低的行業，員工只能藉著技能與專業知識替公司創造價值，同時也能獲得個人的成就感與基本之經濟生活滿足。資訊科技過去主要作為營運紀錄保留之工具，而未來科技的發展對餐旅服務業可能會有更深的意義。除此之外，資訊科技逐漸被用來撮合餐旅服務供給者與顧客間的交易（如網路訂位、付款、抱怨處理、簽約等）。餐旅服務業者在與顧客本人交易之前，可能需先透過網路，瞭解產品資訊及進行議價協商的過程。而在未來，員工也被訓練要對他們無法見面的人提供實質的餐旅服務。

八、科技與餐旅服務業

　　餐旅服務業務通常包括各式各樣的交易，其中許多都是小額交易（如買一份報紙、一包香菸或是兌換外幣等）；各企業必須具備迅速而有效（價格低廉而正確的）處理這些交易之能力，同時還要能組合、分析各種資料，然後傳送給在全球各地的主管們。速度越來越快、越來越精確、價格越來越便宜的傳播技術及資訊處理科技，將對餐旅服務業者產生極大的衝擊。

　　科技設備價格日漸便宜的情形下，將有助於大小公司都能普遍的使用之，而使得餐旅服務業者在提供服務時能快速的提升服務品質，強化競爭力。有些服務是消費者在全世界都可以享受到的，例如大家都熟悉的速食店（即使只買一包小薯條也需要資訊輔助記錄）。消費者堅持有些服務必須具備流動力，如交通運輸。當餐旅服務愈需要國際網路來連結傳遞服務時，聲譽卓著的公司就愈有可能從國外業務中賺取厚利。持有信用卡的人，常往來各國各地經商，在國際間旅遊。所以信用卡公司必須建立並維持通路之順暢，才能滿足顧客的各種需求，而他們消費的項目中餐旅服務占了很大的比例。

　　少了科技的力量，餐旅服務業的版圖就無法快速拓展，網路世界競爭多樣性成為世界潮流，當網路用戶開始產生倚賴時即展示了網路的龐大力量，同時也造就了餐旅服務業自由化的成長空間，也表示未來的市場競爭將是更白熱化、更具實力的一場專業實力戰。

　　服務業的展望的確越來越清晰，而且主要的力量已經發酵。未來勢必對全世界其他產業造成極深遠的影響。這些力量來自於服務業的自由化，以及科技創新時代的潮流所趨，就算暫時減緩卻不會轉向。如高效率清潔方法、設計精巧的烹調設備，特別是通訊、資訊處理方面的突破。沒有科技的進步，餐旅服務業自由化的腳步就不會那麼

科技的創新與發達加速了餐旅服務業自由化的腳步

快，因為科技的創新已經改變競爭的型態。

　　網路的市場重要性強化了企業控制的需求度，也使得國際服務業公司得以維持管控品質與健全營運機制。航空公司設在各地營運的代理商，必須要互相配合才能有效地繼續運作，達成操作的航運業務操作需求，所以他們必須能完全遵守公司的政策和作業方式，否則營運將無以為繼。即使網路的功能不替代公司營運的特質，也可以利用團隊壓力，使代理商達到母公司所需要的控制。利用團隊壓力的方法很多，例如讓國際廣告代理商或是經銷公司互相評估、監督；設計一套獎懲制度，使地區主管薪津的高低依據經營的績效分別訂定之。

　　一家國際連鎖速食店曾為了強調國際服務一致的重要性，中止巴黎連鎖店的合約，因為認證出巴黎連鎖店的食物品質及清潔狀況與服務方式，沒有維持全球一致的水準，經過冗長的官司後，這家敗訴的法國店另創一速食店，和原來之速食店打對台。同時在英國的麥當勞也因為顧客的燙傷案件敗訴之後，為了避免類似的問題再次產生，所以採用機械控溫的方式來降低全球的咖啡溫度，以防堵類似的案件再度發生，降低賠償風險，後來雖然面臨顧客對於咖啡溫度與口感的抱

怨，但也無法處理。

九、創意與創新

新業務能否順利地推展到國外市場，不只要看滿足消費者需求的程度，還要看是否符合下列的條件：這個業務的消費群對於國際化的看法？能否突破各國的風俗習慣？以及不同國家之文化競爭等因素，所以要在國際環境測試新市場的反應時，要比在本國更審慎。

大部分的國際性服務，在企業文化主導之下，都有固定的作業模式，但也會因為當地法令或風俗習慣，做出適當調整。一家跨國廣告公司，當然要用當地的語言，傳遞他們想要說的訊息，而且必須合於風俗習慣、法律及消費品味。但介紹國際性服務最成功的方法，是把既有的「產品」提供給新市場既有的「商業」客戶。也就是將產品輸出到各國銷售給已經熟悉該品牌的顧客。

到目前為止，「客製化」服務在全球仍不多見。過去圓山飯店以及最近晶華酒店提供所謂的個人式之管家服務，過去未得到預期中的效果，現在仍未確實得到效益。原因很複雜，除了考驗著組織的實力之外，尚且依靠服務人員個人之專業認知來決定成敗。國際化的服務業須以規格化或是標準化來作為成功之基礎，製造噱頭只可以被視為行銷技巧來看，絕非致勝之道。

即使服務的市場是以當地顧客為主，但是一般民眾想嘗試不同產品文化的心理，仍是新產品的成功之鑰。在台灣就有許多的外國餐飲業成功的登陸，也有飯店內的餐飲不定時地推出各國特色飲食週來吸引消費者。同樣的道理，國營航空公司和機員，應該要反映本國的文化和風貌，讓旅客在短短幾個小時之內，有機會親身體驗另一種文化的精髓，例如空服員的服裝款式、當地風味餐飲服務等。

個案9-2

專業的管家服務

　　台北市一間五星級的飯店引進歐洲專業管家，以一天10萬元的高價，從荷蘭請來兩位管家老師，教導飯店內十位服務生，小到從打領帶的方式，到襪子的選擇，甚至連餐具的擺放都要經過嚴格的計算，希望讓客人從這麼細緻的服務中，感受到專業。

　　為客人倒好一杯瑰麗的紅酒，接著上主菜，在飯店業服務十年的吳先生，第一次覺得上班這麼戰戰兢兢，因為現在要求的服務水準完全不同。在歐洲，職業管家年薪超過200萬元，但是兩個月課程要花費超過50萬元的學費，還要抗壓性夠高才能畢業，想要成為專業管家真的不容易，除了要學習各種禮儀和文化差異之外，細心為客戶準備不時之需，連針線、筆記本都要隨身攜帶，不過台灣的五星級管家市場能不能像歐洲市場般蓬勃發展，恐怕還有待時間之考驗。

　　此外，在管理風格上也有國際化的特質差異，例如在遊樂園與全區內餐飲店實施顧客容納量的制度，以避免顧客的消費品質受到影響等。這種文化制度能否是一種營運優勢，要看當地居民的價值觀，這種國際業務想要成功，就得看提供服務企業的母國在這方面的努力。

　　雖然我們很難預測一些餐旅服務業的經營會不會成功，但是必須面對全球的經濟狀況之挑戰，卻是鐵一般的事實。眼看著失業率日益高升的台灣市場，三級產業的餐旅服務業如何突破全球困頓處境，嚴厲的考驗著所有業者。整個社會加速反工業化，生產力停頓，單位工資自然提高，整體管理方法之水準是否國際化等實際情況提醒著我們，如何以更高明、有效率的管理策略來因應世界之考驗，是緊要的議題。

第三節　服務業的多元化

日新月異的科技，使得消費者需要更有運作活力及彈性的市場。在各種政治壓力下，各國的餐旅服務業仍以極快的速度成長，服務業現在提供各國一半以上的就業機會。由於全球對服務業的潛在需求越來越大，精進的技術也使得服務業能不斷地提供品質更好、價錢更低的嶄新服務，因此國內的人民和企業主管，以及其他政府官員，一定會持續要求政府減少競爭障礙。

而減少市場障礙與降低門檻對於不同行業而言，有不同的效果。歸納來說，基本的效果是自由化出現擴大的現象，因此兩個基礎的現象為：第一，對應當地經濟的合理產品價位；第二，自由化與多樣化的服務可滿足市場上各種不同的需求。

觀光遊憩活動越來越精彩多變

一、服務業產品的流動力

　　不管是人民到各地旅遊活動，或爲了減少風險，而把資源從一個國家迅速轉移到另一個國家去，資金或是勞力之流動是國際貿易的基本因素；國際貿易飛速成長的時期，也是國際旅遊活動成長最旺盛的時候。貨幣一直被視爲是全世界最具流動性的商品，而提供市場需要的金錢（貨幣）流動力，正是許多國際服務業公司成功的基礎。

　　在經營策略上，企業可以兩種不同性質的方向進行，即「固本深耕」與「向外發展」。所謂固本深耕是指在原有的事業領域內，以創新或具有特色的產品或服務來建立與眾不同的地位，或以區隔市場的方法與產品，來掌握特定目標客戶的需求。此外，擴大規模與提升垂直整合程度，當然也是從事固本深耕時的基本手段。所謂向外發展是在原有的經營領域之外，追求新的市場與活動。在向外發展的方向下，又有兩個基本策略選擇，即多角化與國際化。多角化策略是指企業從原有的事業領域擴增更多元的領域。如食品業代理知名品牌冰淇淋、旅館業投資精品店、婚宴廣場等，都是典型的多角化範例。

二、文化的影響

　　部分餐旅服務業場所，並不會因爲文化因素而造成差異。全球企業界對金融及其他服務的需求，都大同小異。而大部分的商業區域，多半都有共同語言，使服務業的產品與服務，可以在共同的基礎上，順利地行銷，運送於各國之間。商人從全球都能貸款的現象來看，金融服務業的確是國際上最先進的行業之一。與餐旅、娛樂有關的服務，都需要克服語言障礙，在設計和運送這些勞務時，必須瞭解文化及語言的差異。在這方面，餐飲和旅館業受到同樣的影響。以不吃牛

地區的特色資源是餐旅活動的最佳代言人

肉的印度為例，對麥當勞來說，是一個相當特別難經營的市場，像荣
單的翻製就應該特別研發。即使是為了促銷產品來提供服務時，都應
該研究並適應國家間的文化差異。

　　進一步說明，一個為其他地區設計的廣告，可能不太適合在日
本播放，日本的商業廣告大部分都帶有日本人喜愛的氣氛或樂趣，而
在其他市場很管用的「緊迫盯人」式的廣告，在日本就得不到支持。
基於商業法令的認知差異或是法令區隔，都應加以解析，方能順利推
動，在美國可以於廣告片中直接將對手的名稱與缺點標明，並加以抨
擊的風氣，就不適用於台灣社會。

三、重視消費者

　　國際性餐旅服務是商品貿易的重要支柱，也是促進餐旅服務業貿
易的基層建設，不過它多少也依賴貨物的貿易輸出。但不管是上述哪
一種情況，提供這些服務的公司都發現，他們必須先考慮顧客的實際

需求，否則就將失去這些客戶。許多餐旅業者深諳這個原則，因為受制於管理制度，所以並不積極於國際業務之推廣；但也有的企業如君悅旅館集團，能主動、有系統地開發國外市場，並且發展出一套適合各地區文化與市場屬性的經營模式，成功的建立許多知名的據點。

四、國際行銷

全球行銷產品規劃力、產品設計與包裝技術，也會直接影響餐旅服務業之行銷速度。不過到目前為止，國際零售連鎖店發現，要同時在北美、歐洲、亞洲，甚至大洋洲致勝，不太容易，東亞地區（如日本、韓國）就更別提了。造成這種情形的原因可能包括：決策過於中央集權而失敗、誤解外國消費者的口味與需求，以及不信任當地的專家而犯錯（忽略強龍不壓地頭蛇的現實）。產品及廣告的全球化，都已經有了成功的範例，使得許多零售業的人士相信，國際零售業也可以效法成功，不過一些實例卻和這些論調背道而馳，如哈帝漢堡與溫蒂漢堡無法成功登陸台灣，以及法國美麗殿飯店集團與華泰飯店合作停止等均是例證。

附　錄

附錄一　觀光旅館建築及設備標準

修正日期民國99年10月08日

第1條　本標準依發展觀光條例第二十三條第二項規定訂定之。

第2條　本標準所稱之觀光旅館係指國際觀光旅館及一般觀光旅館。

第3條　觀光旅館之建築設計、構造、設備除依本標準規定外，並應符合有關建築、衛生及消防法令之規定。

第4條　依觀光旅館業管理規則申請在都市土地籌設新建之觀光旅館建築物，除都市計畫風景區外，得在都市土地使用分區有關規定之範圍內綜合設計。

第5條　觀光旅館基地位在住宅區者，限整幢建築物供觀光旅館使用，且其客房樓地板面積合計不得低於計算容積率之總樓地板面積百分之六十。

前項客房樓地板面積之規定，於本標準發布施行前已設立及經核准籌設之觀光旅館不適用之。

第6條　觀光旅館旅客主要出入口之樓層應設門廳及會客場所。

第7條　觀光旅館應設置處理乾式垃圾之密閉式垃圾箱及處理濕式垃圾之冷藏密閉式垃圾儲藏設備。

第8條　觀光旅館客房及公共用室應設置中央系統或具類似功能之空氣調節設備。

第9條　觀光旅館所有客房應裝設寢具、彩色電視機、冰箱及自動電話；公共用室及門廳附近，應裝設對外之公共電話及對內之服務電話。

第10條　觀光旅館客房層每層樓客房數在二十間以上者，應設置備品室一處。

第11條　觀光旅館客房浴室應設置淋浴設備、沖水馬桶及洗臉盆等，並應供應冷熱水。

第11-1條　觀光旅館之客房與室內停車空間應有公共空間區隔，不得直接連通。

第12條　國際觀光旅館應附設餐廳、會議場所、咖啡廳、酒吧（飲酒間）、宴會廳、健身房、商店、貴重物品保管專櫃、衛星節目收視設備，並得酌設下列附屬設備：

一、夜總會。

二、三溫暖。

三、游泳池。

四、洗衣間。

五、美容室。

六、理髮室。

七、射箭場。

八、各式球場。

九、室內遊樂設施。

十、郵電服務設施。

十一、旅行服務設施。

十二、高爾夫球練習場。

十三、其他經中央主管機關核准與觀光旅館有關之附屬設備。

前項供餐飲場所之淨面積不得小於客房數乘一點五平方公尺。

第一項應附設宴會廳、健身房及商店之規定，於中華民國九十二年四月三十日前已設立及經核准籌設之觀光旅館不適用之。

第13條　國際觀光旅館房間數、客房及浴廁淨面積應符合下列規

定：

一、應有單人房、雙人房及套房三十間以上。

二、各式客房每間之淨面積（不包括浴廁），應有百分
之六十以上不得小於下列標準：

（一）單人房十三平方公尺。

（二）雙人房十九平方公尺。

（三）套房三十二平方公尺。

三、每間客房應有向戶外開設之窗戶，並設專用浴廁，
其淨面積不得小於三點五平方公尺。但基地緊鄰機
場或符合建築法令所稱之高層建築物，得酌設向戶
外採光之窗戶，不受每間客房應有向戶外開設窗戶
之限制。

第14條　國際觀光旅館廚房之淨面積不得小於下列規定：

供餐飲場所淨面積	廚房（包括備餐室）淨面積
一五〇〇平方公尺以下	至少為供餐飲場所淨面積之三三%
一五〇一至二〇〇〇平方公尺	至少為供餐飲場所淨面積之二八%加七五平方公尺
二〇〇一至二五〇〇平方公尺	至少為供餐飲場所淨面積之二三%加一七五平方公尺
二五〇一平方公尺以上	至少為供餐飲場所淨面積之二一%加二二五平方公尺

未滿一平方公尺者，以一平方公尺計算。

餐廳位屬不同樓層，其廚房淨面積採合併計算者，應設
有可連通不同樓層之送菜專用升降機。

第15條　國際觀光旅館自營業樓層之最下層算起四層以上之建築
物，應設置客用升降機至客房樓層，其數量不得少於下
列規定：

客房間數	客用升降機座數	每座容量
八〇間以下	二座	八人
八一至一五〇間	二座	十二人
一五一至二五〇間	三座	十二人
二五一至三七五間	四座	十二人
三七六至五〇〇間	五座	十二人
五〇一至六二五間	六座	十二人
六二六至七五〇間	七座	十二人
七五一至九〇〇間	八座	十二人
九〇一間以上	每增二〇〇間增設一座，不足二〇〇間以二〇〇間計算	十二人

　　國際觀光旅館應設工作專用升降機，客房二百間以下者至少一座，二百零一間以上者，每增加二百間加一座，不足二百間者以二百間計算。前項工作專用升降機載重量每座不得少於四百五十公斤。如採用較小或較大容量者，其座數可照比例增減之。

第16條　一般觀光旅館應附設餐廳、咖啡廳、會議場所、貴重物品保管專櫃、衛星節目收視設備，並得酌設下列附屬設備：

一、商店。

二、游泳池。

三、宴會廳。

四、夜總會。

五、三溫暖。

六、健身房。

七、洗衣間。

八、美容室。

九、理髮室。

十、射箭場。

十一、各式球場。

十二、室內遊樂設施。

十三、郵電服務設施。

十四、旅行服務設施。

十五、高爾夫球練習場。

十六、其他經中央主管機關核准與觀光旅館有關之附屬設備。

前項供餐飲場所之淨面積不得小於客房數乘一點五平方公尺。

第17條　一般觀光旅館房間數、客房及浴廁淨面積應符合下列規定：

一、應有單人房、雙人房及套房三十間以上。

二、各式客房每間之淨面積（不包括浴廁），應有百分之六十以上不得小於下列標準：

（一）單人房十平方公尺。

（二）雙人房十五平方公尺。

（三）套房二十五平方公尺。

三、每間客房應有向戶外開設之窗戶，並設專用浴廁，其淨面積不得小於三平方公尺。但基地緊鄰機場或符合建築法令所稱之高層建築物，得酌設向戶外採光之窗戶，不受每間客房應有向戶外開設窗戶之限制。

第18條　一般觀光旅館廚房之淨面積不得小於下列規定：

供餐飲場所淨面積	廚房（包括備餐室）淨面積
一五〇〇平方公尺以下	至少為供餐飲場所淨面積之三〇%
一五〇一至二〇〇〇平方公尺	至少為供餐飲場所淨面積之二五%加七五平方公尺
二〇〇一平方公尺以上	至少為供餐飲場所淨面積之二〇%加一七五平方公尺

未滿一平方公尺者，以一平方公尺計算。

餐廳位屬不同樓層，其廚房淨面積採合併計算者，應設有可連通不同樓層之送菜專用升降機。

第19條　一般觀光旅館自營業樓層之最下層算起四層以上之建築物，應設置客用升降機至客房樓層，其數量不得少於下列規定：

客房間數	客用升降機座數	每座容量
八〇間以下	二座	八人
八一至一五〇間	二座	十人
一五一至二五〇間	三座	十人
二五一至三七五間	四座	十人
三七六至五〇〇間	五座	十人
五〇一至六二五間	六座	十人
六二六間以上	每增二〇〇間增設一座，不足二〇〇間以二〇〇間計算	十人

一般觀光旅館客房八十間以上者應設工作專用升降機，其載重量不得少於四百五十公斤。

第20條　本標準自發布日施行。

附錄二　一般旅館業設立程序暨相關法令

一、合法旅館的判斷標準

依法辦妥公司或商業登記，領有各縣市政府核發之「營利事業登記證」，其「營業項目」列有旅館業者。並應向地方主管機關申請登記，領取旅館登記證及旅館專用標識（如圖）。

旅館業
HOTEL
○○縣政府製發
編號：○○○

二、旅館業之主管機關

在中央為交通部；在直轄市為直轄市政府；在縣（市）為縣（市）政府。旅館業於申請登記時，應檢附下列文件：

(一)申請書。

(二)公司登記證明文件影本。（非公司組織者免附）

(三)商業登記證明文件影本。

(四)建築物核准使用證明文件影本。

(五)土地，建物登記（簿）謄本。

(六)土地，建物同意使用證明文件影本。（土地，建物所有人申請登記者免附）

(七)責任保險契約影本。

(八)旅館外觀，門廳，旅客接待處，各類型客房，浴室及其他服務設施之照片或簡介摺頁。

(九)其他經中央或地方主管機關指定之有關文件。

　　地方主管機關得視需要，要求申請人就檢附文件提交正本以供查驗。

三、經營旅館業需注意遵守的相關法規

1	發展觀光條例，旅館業管理規則	10	營業衛生法
2	都市計畫法相關法規	11	飲用水條例
3	區域計畫法相關法規	12	水汙染防治法
4	公司法暨商業登記法相關法規	13	刑法
5	商業團體法	14	社會秩序維護法
6	營業稅法	15	著作權法
7	建築法相關法規	16	勞動基準法
8	消防法相關法規	17	兒童及少年性交易防制條例
9	食品衛生法		

附錄三　民宿管理辦法

依「民宿管理辦法」，民宿
是指利用自用住宅空閒房間，結
合當地人文，自然景觀，生態，
環境資源及農林漁牧生產活動，
以家庭副業方式經營，提供旅客
鄉野生活之住宿處所。民宿專用
標識如右圖。

民宿之經營規模，以客房數五間以下，且客房總樓地板面積150平
方公尺以下為原則。但位於原住民保留地，經農業主管機關核發經營
許可登記證之休閒農場，經農業主管機關劃定之休閒農業區，觀光地
區，偏遠地區及離島地區之特色民宿，得以客房數十五間以下，且客
房總樓地板面積200平方公尺以下之規模經營。

另外，有關民宿之設立申請，發照及變更登記等各項申請，請參
考：

1.民宿各項申請表格（可下載使用）。

2.民宿管理辦法相關解釋令函。

3.民宿Q & A暨相關法規，解釋函彙編。

參考書目

汝明麗譯（1995），Stephen George與Arnold Weimerskirch著。《全面品質管理》。台北：智勝文化。

周文賢著（2003）。《服務業管理》。台北：國立空中大學。

林泗潭、林志城著（2006）。《品質管理》。台北：新文京。

林清河、桂楚華（1997）著。《服務管理》。台北：華泰書局。

林燈燦著（2003）。《服務品質管理》。台北：品度。

林燈燦著（2009）。《服務品質管理》。台北：五南圖書。

孫本初審定（2001），Gopal K. Kanji與Mike Asher著。《全面品質管理 100種方法》。台北：智勝文化。

孫路弘譯（2002），The Culinary Institute of America著。《餐廳服務管理》。台北：桂魯。

徐世輝著（1999）。《全面品質管理》。台北：華泰文化。

崔立新著（2004）。《服務業品質評量》。台北：五南圖書。

張健豪、袁淑娟著（2002）。《服務業管理》。台北：揚智文化。

陳思倫著（2008）。《服務品質管理》。台北：前程文化。

陳耀茂著（1995）。《品質管理》。台北：五南圖書。

陳耀茂著（1997）。《服務品質管理手冊》。台北：遠流。

陳耀茂譯（2000），近藤隆雄著。《服務管理》。台北：書泉出版社。

楊芝澐、曾塍睿譯（2008），John H. King, Jr與Ronald F. Cichy著。《餐旅服務業品質管理》。台北：桂魯。

楊素芬著（2006）。《品質管理》。台北：華泰文化。

楊德輝譯（1991），石原勝吉著。《服務業的品質管理》（下）。台北：經濟部國貿局，頁5。

楊德輝譯（1991），石原勝吉著。《服務業的品質管理》（上）。台北：經濟部國貿局，頁10-24。

廖文志、欒斌譯（1997），Bengt Karl著。《企業管理辭典》。台北：三民，頁182。

鄭春生著（1999）。《品質管理》。台北：育友圖書。

戴久永著（1991）。《品質管理》。台北：三民。

戴久永著（2005）。《全面品質管理》。台中：滄海書局。

戴永久審定（2002），S. Thomas Foster著。《品質管理》。台北：智勝文
化。

鐘朝監譯（1993），狩野紀昭著。《服務業的全公司品質管理》。桃園：
和昌出版社。

餐飲旅館系列

餐旅服務品質管理

作　　者／王斐青
出 版 者／揚智文化事業股份有限公司
發 行 人／葉忠賢
總 編 輯／閻富萍
特約執編／鄭美珠
地　　址／新北市深坑區北深路三段 260 號 8 樓
電　　話／(02)8662-6826
傳　　真／(02)2664-7633
網　　址／http://www.ycrc.com.tw
 E-mail ／ service@ycrc.com.tw
印　　刷／彩之坊科技股份有限公司
 I S B N ／ 978-986-298-194-8
初版一刷／2010 年 10 月
二版一刷／2015 年 9 月
二版二刷／2017 年 3 月
定　　價／新台幣 450 元

國家圖書館出版品預行編目資料

餐旅服務品質管理 / 王斐青著. -- 二版. --
新北市：揚智文化, 2015.09
面； 公分. -- (餐飲旅館系列)

ISBN 978-986-298-194-8(平裝)

1.餐旅管理 2.品質管理 3.餐旅業

489.2   104014700